翻倍 效率工作術

不會就太可惜的

Google

超極限應用 第2版

關 於 我 們

認識文淵閣工作室

常常聽到很多讀者說:「我就是看你們的書學會用電腦的」。是的!這就是寫書的出發點和原動力,想讓每個讀者都能看我們的書跟上軟體的腳步,讓軟體不只是軟體,而是提昇個人效率的工具。

文淵閣工作室創立於 1987 年,第一本電腦叢書「快快樂樂學電腦」。工作室的創會成員鄧文淵、李淑玲在學習電腦的過程中,就像每個剛開始接觸電腦的你一樣碰到了很多問題,因此決定整合自身的編輯、教學經驗及新生代的高手群,陸續推出 「快快樂樂全系列」 電腦叢書,冀望以輕鬆、深入淺出的筆觸、詳細的圖說,解決電腦學習者的徬徨無助,並搭配相關網站服務讀者。

讀者服務資訊

如果在閱讀本書時有任何的問題或是許多的心得要與所有人一起討論共享,歡迎光臨我們的公司網站,或者使用電子郵件與我們聯絡。

文淵閣工作室網站　　http://www.e-happy.com.tw
服務電子信箱　　e-happy@e-happy.com.tw
文淵閣工作室　粉絲團　　http://www.facebook.com/ehappytw
中老年人快樂學　粉絲團　　https://www.facebook.com/forever.learn

總 監 製　鄧文淵	企劃編輯　鄧君如
監　　督　李淑玲	責任編輯　熊文誠
行銷企劃　鄧君如・黃信溢	編　　輯　黃郁菁・張溫馨・鄧君怡

本書特點

Google 早期提供的一系列雲端同步儲存服務都是各自獨立，經過整合後，不論是 Gmail、Google 文件、Google+、YouTube、Google 地圖...等，只需要一個帳戶，即可在電腦與行動裝置之間進行同步與管理，讓您走到哪都可以隨時存取雲端上的資料，包辦生活娛樂大小事，提升工作品質效率。另外本書也針對 Google Classroom 雲端教室示範更詳細的線上互動學習說明。

設備與環境

本書是使用 "電腦" 搭配 "Google Chrome 瀏覽器" 並在 "連接網路" 的操作環境下進行說明。此外因應智慧型手機、平板...等行動裝置的普級化，每一個單元還搭配了行動裝置的應用，讓您將 Google 雲端服務融入於日常生活中，成為最佳幫手。

閱讀方法

每個單元都以 Tips 方式說明，可以針對想學習的技巧練習，隨查隨用，快速解決使用問題。

Tips 編號、主要應用功能與相關介紹　　　　　　　　　　篇名　　　單元　　單元編號

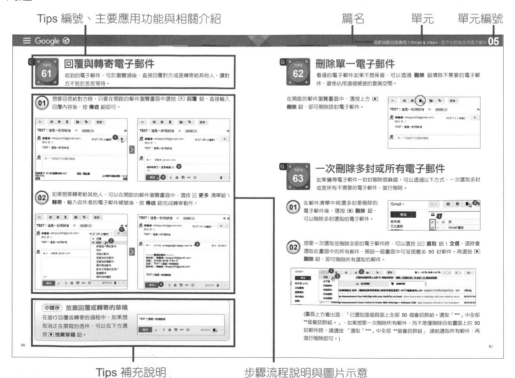

Tips 補充說明　　　　　步驟流程說明與圖片示意

目錄

社交與網路工具 篇

Part.01 我的 Google 帳戶與保護資訊

Part.02 Chrome - 全方位的瀏覽器，快速又穩定

Part.03 Google 搜尋 - 什麼都找得到

使用行動版 Chrome 搜尋 / 啟用 Google 搜尋的即時資訊
即時取得股票的資訊 / 即時取得工作地點的天氣
即時取得附近相關的應用程式和網站 / 編輯、顯示或移除資訊卡
輸入文字搜尋 / 針對圖片、影片、新聞、書籍等類型過濾搜尋結果
用說的直接搜尋 / Google 線上計算或翻譯

Part.04 Google+ - 雲端應用社群平台

居家與辦公室應用 篇

Part.05 Gmail & Inbox - 跨平台輕鬆使用電子郵件

Part.06 Google 日曆 - 輕鬆掌握生活中重要行程

展開當月月曆 / 建立新活動 / 編輯已建立的活動

建立生日、帳單、會議...等週期性活動 / 刪除已建立的活動

用對關鍵字，"活動" 自動加入相關插圖 / 顯示活動地點圖片或地圖

利用顏色區別活動重要性 / 設定活動通知時間及方式

新增活動記事與附件 / 設定個人提醒

編輯或刪除已建立的提醒 / 設定提醒時間與重複提醒

將提醒標示為完成 / 當天未完成的提醒自動延後到明天

針對多組帳戶中的日曆進行同步及顯示

Part.07 Google 雲端硬碟 - 打造自己的行動辦公室

檢查 Google 雲端硬碟的同步化設定

開啟與使用 Google 雲端硬碟行動版

將文件掃描成 PDF 檔案 / 快速找尋雲端硬碟上的各類別文件

Part.08 Google 文書處理 - 文件、簡報、試算表、表單與 Keep

旅遊與媒體服務 篇

Part.09 Google 地圖 - 旅遊規劃與路線導航

　　　　　規劃路線 / 使用語音導航 / 取消導航並刪除路徑規劃
　　　　　在導航路線上的加油站、咖啡店、餐廳 / 使用街景服務
　　　　　搜尋附近的吃喝玩樂服務 / 將 "我的地圖" 同步在行動裝置中

Part.10 YouTube - 屬於個人的線上影音頻道

Part.11 Google 相簿 - 高畫質無上限備份與分享相片

線上互動式學習教室 篇

Part.12 Google Classroom - 雲端教室

我的
Google 帳戶與保護資訊

Google 雲端服務橫跨了各種類型的平台,只要連上網路,不論是在行動裝置或
家用電腦,都可以輕髮使用雲端同步作業。

申請 Google 帳戶

TIPS 1

要開始體驗 Google 的強大功能前，必須先申請一組帳戶，這個帳戶即可適用所有 Google 的服務與產品。(如果您已有 Google 帳戶可以直接略過此申請動作)

01 開啟 Google 的 Chrome 瀏覽器，於網址列輸入「http://www.google.com.tw」，按 Enter 鍵連結到 Google 網站，選按右上角 **登入**。(書中操作均以 Chrome 瀏覽器進行示範，若電腦中無此瀏覽器可參考 Part.02 的說明進行下載與安裝)

02 於登入畫面下方選按 **建立帳戶**，開啟建立 Google 帳戶畫面，於右側輸入使用者名稱及密碼，再一一輸入個人相關資訊。

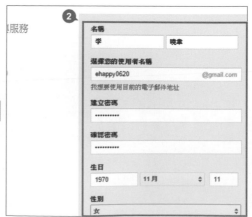

03 輸入正確的驗證碼並核選 **我同意 Google《服務條款》及《隱私權政策》**，按 **下一步** 鈕就完成新增帳號的動作，再按 **繼續** 鈕。

小提示 **填寫帳戶資訊時需注意的細節**

名稱 可以使用中文名稱；**使用者名稱** 則是英、數字搭配都可；設定密碼最少需 8 個以上的字元，且選擇容易記的密碼；若於 **行動電話** 欄位中輸入電話，可在忘記密碼時，協助存取帳戶或是保護帳戶不受駭客入侵。

---

04 接著要修改個人帳號的相片，於畫面右上角選按 ◉ \ **變更** 。

05 在設定個人相片時,可以選擇以網路攝影機拍照,或是由電腦裡選擇喜歡的相片,拖曳出合適的範圍後,按 **設定為個人資料相片** 鈕。

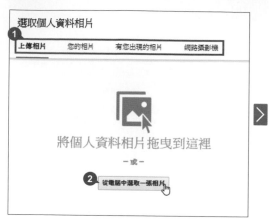

這樣即完成 Google 帳戶的建立,就可以透過此組帳戶使用 Gmail、雲端硬碟、Google 文件...等所有的 Google 服務。

避免密碼被盜用！加強 Google 安全

網路駭客竊取個人資料的問題日趨嚴重，當不肖人士盜用了您的密碼，利用 Google 的 **兩步驟驗證** 機制可確保帳戶安全性。

目前最容易被盜帳號的原因大概都是被釣魚網站或假網頁給騙走的！要保護好自己的帳號密碼，平常不要在不是 Google 的第三方應用程式上面輸入您的 Google 帳號、密碼，在瀏覽器上突然要求輸入帳號密碼時，請務仔細看清楚畫面上方網站網址是否怪怪的，若不是原官方網站該有的網址，千萬不要立即輸入。

為防止在密碼被偷之後連帳號都拿不回來，**兩步驟驗證** 機制可讓登入時除了輸入帳號、密碼之外，還必須以手機簡訊密碼或語音認證。

01 開啟 Chrome 瀏覽器連結至 Google 首頁 (https://www.google.com.tw)，確認已登入 Google 帳戶後，選按 ⚫ \ **隱私權設定**，於 **資訊安全** 項目下方按 **兩步驟的驗證**。

02 先按 **開始使用** 鈕，再按 **開始設定** 鈕，接著輸入您個人的手機號碼並核選 **文字訊息 (簡訊)**，最後按 **傳送驗證碼** 鈕。

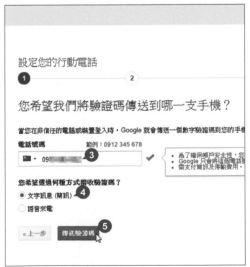

03 待收到 Google 簡訊後，於網頁 **輸入驗證碼** 輸入您收到的 6 位數字，再按 **驗證** 鈕。

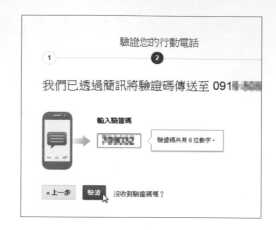

04 如果目前這台電腦設備也要列入日後信任的設備清單中，請核選 **信任這部電腦** 按 **下一個** 鈕 (若不是您信任的電腦可以不用核選)，再按 **確認** 鈕即完成設定。 (往後只要有非信任的設備要登入帳戶時，Google 就會以簡訊傳送驗證碼至您的手機，輸入該組驗證碼後，才能登入您的 Google 帳戶。)

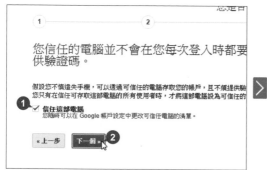

05 最後會出現驗證的內容包括電號碼與設備。

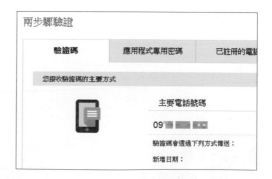

完成以上 **兩步驟驗證** 設定後，當再有人盜取了您的帳號、密碼想要登入時，除非連您的手機也一起偷走了或有辦法攔截簡訊，否則是沒法登入您的 Google 帳戶。

Chrome
全方位的瀏覽器，快速又穩定

Google Chrome 是結合了極簡設計與先進技術的瀏覽器，不僅讓上網速度變得更快，也讓瀏覽器擁有更高的安全性以及穩定性。

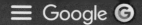

TIPS 3

下載並安裝 Google Chrome 瀏覽器

利用 Chrome 瀏覽器搭配 Google 帳戶,不僅能更有效使用 Google 所有服務,雲端同步及擴充應用程式的功能讓 Chrome 更好用。

01 開啟瀏覽器 (在此以 IE 示範),連結至 Google 首頁 (https://www.google.com.tw),於畫面右側按 **下載 Google Chrome** 鈕,進入下載畫面按中央 **下載 Chrome** 鈕。

02 於服務條款畫面下方核選 **將使用統計...**,按 **接受並安裝** 鈕,最後選按 **執行** 鈕即會開始下載並自動安裝,完成後會開啟 Chrome 瀏覽器。

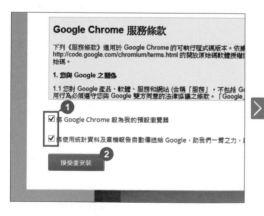

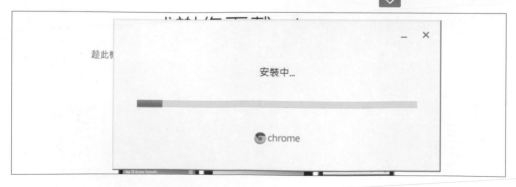

登入 Chrome 啟用更多功能

TIPS 4

利用 Google 帳戶登入 Chrome 除了能方便使用各項服務外，書籤、分頁、瀏覽記錄和其他瀏覽器偏好設定，也會備份到您的 Google 帳戶，以方便日後到其他設備上使用 Chrome 進行同步時，讓每台設備都能擁有相同的書籤及記錄。

01 完成安裝 Chrome 動作後，會自動開啟 Chrome 瀏覽器並開啟 **設定 Chrome** 畫面，輸入已申請的 Google 帳戶與密碼，按 **登入** 鈕。

02 於 Chrome 瀏覽器視窗右上角按 **帳號名稱**，即可看到您登入的帳號名稱。

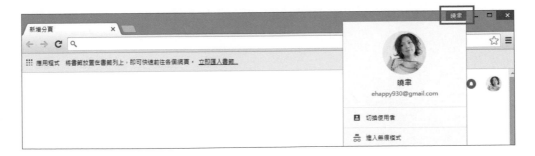

小提示 登入 Google 帳戶並不代表已登入 Chrome

明明已登入 Google 帳戶卻發現之前於 Chrome 建立的書籤或是設定沒有同步出現時，請選按 🔳 鈕，若視窗中沒有出現 **以 (帳戶名) 的身份登入** 的標註時，表示您尚未登入 Chrome。

TIPS 5

同步辦公室與家裡的 Chrome 設定

在家裡的設備，若想擁有與辦公室 Chrome 瀏覽器內相同的設定與書籤，只要進行同步處理即可。

01 在家裡電腦安裝好並完成登入 Chrome 後，於網址列右側按 ☰ 鈕 \ **設定**，進入設定畫面，選按 **進階同步處理設定** 鈕。(要登入同一個 Google 帳戶)

02 如果想讓目前家裡這台電腦的 Chrome 設定與辦公室電腦上的 Chrome 內容完全相同，可設定 **同步處理所有資料** 並核選 **使用您的...**，按 **確定** 鈕即可將書籤及其他資料完整同步。

小提示 **同步書籤但不同步資料**

如果只想同步書籤，而不同步其他資料，這時只要設定 **選擇要同步處理的資料類型**，再僅核選下方的 **書籤**，即可只同步書籤部分。

將喜愛的網頁加至書籤

將喜愛並常瀏覽的網站儲存在我的書籤中，往後只要選按書籤中的網站名稱即可快速連結並開啟該網站頁面，方便又快速！

01 在想加入書籤的網頁畫面，按上方網址列右側 ☆ 圖示，輸入書籤名稱後，直接按 **完成** 鈕就會新增到 **書籤列** 資料夾中。

02 加入書籤列的網頁會出現於上方的書籤列中，之後只要選按書籤列上的書籤名稱就可開啟該網頁。(如果 Chrome 畫面上沒有出現書籤列，可選按 ▤ \ **書籤** \ **顯示書籤列**。)

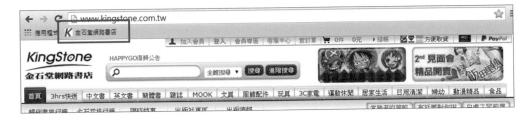

03 另外，您還可以在書籤列中利用資料夾來管理書籤，一來可整合同性質的書籤，二來可避免書籤過多找不到的問題。同樣的在想加入書籤的網頁畫面，按上方網址列右側 ☆ 圖示，輸入書籤名稱後，按 **編輯** 鈕。

04 於 **編輯書籤** 對話方塊中,可選按 **書籤列** 或 **其他書籤** 資料夾,按 **新增資料夾** 鈕,重新命名資料夾名稱後按 `Enter` 鍵,最後確認資料夾為選取狀態再按 **儲存** 鈕即完成。

匯入其他瀏覽器中的書籤

TIPS 7

過去您在其他瀏覽器儲存的 "我的最愛",在開始使用 Chrome 前可以先將這些書籤全部匯入,不用浪費時間重新建立。

01 於網址列右側按 ☰ 鈕 \ **書籤** \ **匯入書籤和設定**,於 **匯入書籤和設定** 選擇您要匯入的瀏覽器,核選想要匯入的項目,按 **匯入** 鈕。

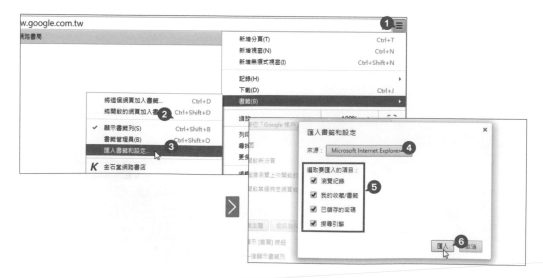

02 若書籤列已有其他於 Chrome 建立的書籤或資料夾，這時會產生一個以該瀏覽器命名的資料夾 (如此例的 **從 IE 匯入** 資料夾)，將瀏覽器內儲存的書籤全部匯入其中。最後於完成訊息中核選 **一律顯示書籤列**，按 **完成** 鈕即可。

> **小提示** **書籤資料夾**
>
> 若書籤列中是空白的沒有其他書籤時，當您匯入其他瀏覽器中的書籤，會將那些書籤直接陳列於書籤列中，而不會以該瀏覽器命名的資料夾匯整。

TIPS 8

管理我的書籤

書籤一多了，難免會亂七八糟，常常找不到想找的書籤，利用 **書籤管理員** 好好將自己的書籤整頓一番吧！

01 於網址列右側按 ☰ 鈕 \ **書籤** \ **書籤管理員**，開啟書籤管理員頁面。

02 於 **書籤管理員** 畫面中,選按欲刪除的書籤或資料夾,按 `Del` 鍵即可刪除;或是選取書籤及資料夾後,按滑鼠左鍵不放呈 🖑 狀拖曳來變更排序或存放的位置。

03 於 **書籤管理員** 畫面中,如果要增加資料夾來管理書籤,於左側任一資料夾上按一下滑鼠右鍵,選按 **新增資料夾** 即可。

一鍵回到 Google 搜尋主頁

TIPS **9**

設定 **首頁** 鈕可以讓您快速開啟指定的網頁,一般使用者都習慣設定為常用的搜尋畫面,方便連結並搜尋資訊。

01 於網址列右側按 ≡ 鈕 \ **設定**,在 **外觀** 項目中核選 **顯示 [首頁] 按鈕**,再按 **變更**。

02 核選 **開啟此頁**,輸入想指定的網址,按 **確定** 鈕完成。

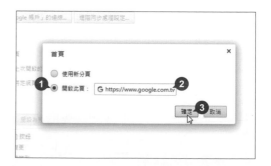

03 設定好 **首頁** 鈕後,Chrome 會在網址列左側顯示 **首頁** 鈕,按下該鈕即可開啟指定的網頁。

瀏覽私密網頁不怕留下記錄

無痕視窗 能讓您在瀏覽網頁後不會留下任何的記錄，使用公用電腦不想留下個人瀏覽記錄時即可使用此設定。

01 於網址列右側按 ▤ 鈕 \ **新增無痕式視窗**，即可開啟一個新的 Chrome 視窗，頁面上會顯示無痕視窗說明。

02 於視窗左上角會出現 🕵 圖示表示已在 "無痕" 模式，在這個視窗內瀏覽過的網站或輸入暫存的資料，在關閉此視窗後即會隨之刪除。

繼續瀏覽上次開啟的網頁

TIPS 11

在網路上看到精彩的文章,瀏覽到一半常會被其他因素打斷,關掉瀏覽器後重新再找又會耗費許多時間!跟著以下設定幫您解決這問題。

01 於網址列右側按 ≡ 鈕 \ 設定。

02 核選 **繼續瀏覽上次開啟的網頁**,在重新開啟 Chrome 時,即可自動開啟上一次關閉 Chrome 時仍在瀏覽的分頁標籤。

一次開啟多個指定網頁

TIPS 12

大部分的人在啟動瀏覽器後,一定會習慣性的開啟幾個固定分頁來瀏覽,每次都得花一些時間來處理這動作,不如讓 Chrome 一次幫您搞定。

01 於網址列右側按 ≡ 鈕 \ 設定,在畫面核選 **開啟某個特定網頁或一組網頁**,再按 **設定網頁**。

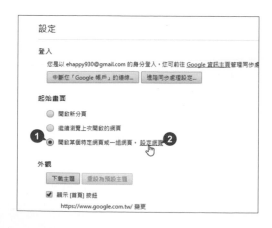

02 於 **起始網頁** 欄位輸入想一次開啟的網站網址,輸入完按 **Enter** 鍵即可換行繼續輸入,完成後按 **確定** 鈕,在下次啟動 Chrome 時就可直接開啟這一組指定頁面。

改變網頁內容的顯示比例與全螢幕瀏覽

TIPS **13**

如果覺得網頁中的文字太小不易閱讀時，可利用縮放功能改變網頁內容顯示的比例。

01 隨意開啟任一網頁內容 (如：博客來)，於網址列右側按 ☰ 鈕，在 **縮放** 項目選按 ⊞ 鈕即可放大網頁的顯示比例，多按幾次直到合適的文字大小即可；如要回復原本顯示比例時，可選按 ⊟ 鈕直到回復 **100%**。(快速鍵為 `Ctrl` + `0` 鍵)

02 選按 ⊡ 鈕即可進入全螢幕模式。如要退出全螢幕模式，先將滑鼠指標移至畫面中央上方處出現提示訊息，按 **退出全螢幕模式 (F11)** 即可回到正常檢視模式。

檢視或查詢之前的瀏覽記錄

TIPS 14

在網路上看到精彩的文章,瀏覽到一半常會被其他因素打斷,關掉瀏覽器後重新再找又會耗費許多時間!跟著以下設定幫您解決這問題。

01 於網址列右側按 ☰ 鈕 \ **記錄** \ **記錄**,Chrome 會另外開啟 **歷史記錄** 的分頁標籤。

02 於 **歷史紀錄** 畫面中,除了可看到本機的瀏覽記錄,還可以看到其他同步設備上的瀏覽記錄,也可以於 **搜尋紀錄** 欄位中輸入要搜尋紀錄的關鍵字。

不用到 Google 首頁也能搜尋關鍵字

Chrome 瀏覽器的網址列除了可輸入與顯示網址，它還整合了搜尋的功能，只要輸入想搜尋的關鍵字後，即可幫您找到想要的資料。

01 於網址列輸入您要搜尋的關鍵字，按 Enter 鍵。

02 Chrome 會使用預設的 Google 搜尋引擎找出相關的搜尋結果。(在網址列搜尋的方法與在 Google 搜尋列的相似，更多的搜尋技巧與說明可參考 Part.03。)

TIPS 16 Chrome 翻譯機瀏覽外文網頁沒問題

開啟全是外文的網站看不懂怎麼辦？沒關係，Chrome 內建的翻譯功能讓您也能輕鬆瀏覽，再也不用畏懼密密麻麻的外文單字。

01 於網址列右側按 **≡** 鈕 \ **設定**，在畫面最下方按 **顯示進階設定** 開啟更多項目，核選 **語言 \ 詢問是否將網頁翻譯成您所用的語言**，並再按 **管理語言**。

02 於 **語言** 對話方塊中左側先選按要翻譯的語系，再核選 **翻譯這個語言的網頁**，按 **完成** 即完成。

03 之後開啟外文頁面時，網址列最右側就會出現 圖示並詢問是否要翻譯此網頁的對話方塊 (沒有出現的話可手動按一下圖示)，選按 **翻譯** 鈕後，Chrome 就會自動將頁面翻譯完成。(如要回復原始頁面，只要再按 **顯示原文** 鈕即可。)

進入 Chrome 線上應用程式商店

Chrome 線上應用程式商店，擁有各式各樣應用程式與擴充功能，利用商店中的應用程式或擴充功能，讓您的 Chrome 瀏覽器更加的強大。

01 於網址列右側按 ☰ 鈕 \ **更多工具** \ **擴充功能**。

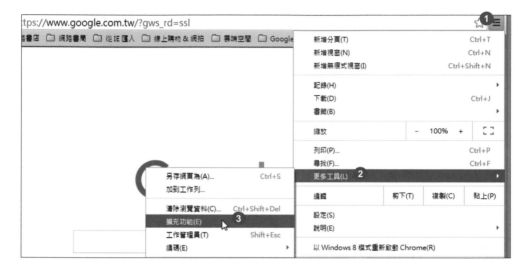

02 第一次安裝擴充程式時，請按 **瀏覽 Chrome 線上應用程式商店**，即可連上 **Chrome 線上應用程式商店**。(之後要再安裝其他程式時，則需按下方 **取得更多擴充功能**，安裝擴充程式的方式請參考下個技巧的說明。)

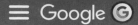

TIPS 18

整理大量分頁並同時釋放佔用的記憶體

Chrome 同時開啟多個分頁時,這些分頁會佔據不少的記憶體容量,這裡示範如何使用 **OneTab** 這個擴充功能管理分頁並釋放佔用的記憶體。

01 於 **Chrome 線上應用程式商品** 首面左側搜尋欄位輸入「onetab」,按 [Enter] 鍵,出現搜尋結果後,於該擴充功能右側按 **加到 CHROME** 鈕。

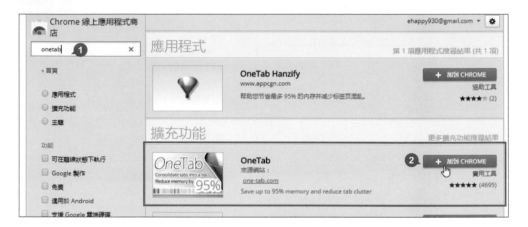

02 出現提示對話方塊確認資訊後,按 **新增擴充功能** 鈕,安裝完畢後即可在 Chrome 瀏覽器視窗的網址列右側看到該擴充功能的 ♥ 圖示。

03 當您為了查詢資料開了許多分頁，這些分頁吃掉了不少記憶體空間，這時可按一下 🎈 圖示，所有的分頁就會全部關掉，並將其連結整理至名為 OneTab 的分頁中。(關閉分頁的同時，Chrome 分頁所佔用的記憶體也會同時釋放。)

04 頁面中會記錄剛剛關掉的所有分頁清單，日後只要再按一下 🎈 圖示，出現的分頁清單除了最新的幾筆，也會有之前整理到 OneTab 中的記錄。選按想要開啟的連結，就會以新分頁開啟並於清單中刪除該筆連結資料。

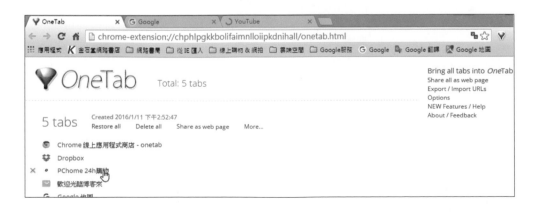

封鎖不安全的網站

TIPS 19

網路中常會有不安全的網站,像是詐騙廣告...之類的,這些網站通常會影響電腦而導致中毒,因此要把這些網站通通封鎖,避免哪天不小心開啟了。

01 於 **Chrome 線上應用程式商品** 首頁搜尋並安裝 **Block site** 擴充功能,接著於網址列右側按 ☰ 鈕 \ **更多工具** \ **擴充功能**,在 **Block site** 項目中按 **選項**。

02 接著會開啟 Block site 設定頁面,於 List of blocked sites 下方欄位輸入您要封鎖的網址,再按 **Add page** 鈕即可。除了封鎖該網站外,還可以指定轉址連接到安全頁面去,只要在 **Redirect to** 欄位輸入您指定的網址,再按 **Set** 鈕即可。

輕鬆下載 Facebook 影片

當看到朋友在臉書上分享出遊影片，如果想下載回本機電腦中存放，這時可以利用擴充功能讓您輕鬆下載影片保存。

01 於 **Chrome 線上應用程式商品** 首頁搜尋並安裝 **Facebook Video Downloader** 擴充功能。

02 在 Facebook 選按影片觀看時，都會以 **Lightbox** 特效呈現 (所以網址列上的網址並不是真正連結的頁面)，這時選按貼文者名稱下方的貼文日期連結，即會連結至正確的頁面，此時再選按網址列右側 🖪 圖示。

03 於 **Detected Video** 項目中選按您想下載的影片品質 (如果有可選擇時)，接著會開啟分頁播放影片，於影片上按一下滑鼠右鍵選按 **將影片另存為**，即可將影片回存至您指定的電腦資料夾中。(有時第一次按 🖪 圖示時並不會出現下載鈕，請再按第二次即可。)

網路上的影片版權均為著作權人所擁有，下載前需先得到著作權人的同意或授權喔！

Chrome 在行動裝置上的應用

TIPS **21**

當您想把 Chrome 電腦版上的書籤或紀錄同步在行動裝置時，只要跟著以下步驟操作，即能完成雲端同步的技巧。

> 本 TIPS 是以 Android 系統示範，預設已經內建了 **Chome** 應用程式，如果您的設備中無此應用程式時，請自行至 **Google Play** 商店中搜尋並安裝。

登入行動版 **Chrome** 並同步電腦版的書籤及記錄

請先於行動裝置上選按 ◎ Chrome 圖示，開啟 Chrome 應用程式。

01 第一次使用行動版 Chrome 時，在服務條款畫面按 **接受並繼續**，接下來會要求登入，如果您已在手機中設定帳號，此時只要按 **登入** 和 **完成** 鈕即可。

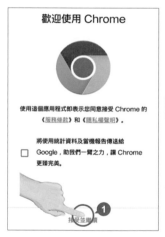  

02 於畫面下方選按 **書籤** 預設會先進入 **行動版書籤**，接著再按 **書籤** 即可看到所有同步至裝置中的書籤資料夾。

03 同樣的，如果要查詢 Chrome 上的瀏覽記錄，於畫面右上角按一下 ⋮ \ **歷史紀錄** 即會進入瀏覽記錄的畫面。

搜尋關鍵字並將網站加入行動版書籤

於網址列輸入要搜尋的關鍵字，建議清單選按合適的連結即可開啟該網站。如果要將網站加入書籤，可於畫面右上角按一下 ⋮ 清單中選按 ☆，按右下角的 **編輯**，確認 **名稱**、**網址**、**資料夾** 無誤後，按 ← 即可。

新增與刪除分頁

按瀏覽器右上角的 ① 開啟分頁管理畫面，接著按左上角 ⊞ 即可新增一空白分頁；如果要刪除分頁，只要於分頁管理畫面時按分頁右上角的 ✕ 即可刪除該分頁。

使用無痕式分頁瀏覽網頁內容

臨時借用朋友的行動裝置登入網站時，可以使用無痕式分頁登入，不會留下任何紀錄。於畫面右上角按一下 ⋮，清單中選按 **新無痕式分頁** (無痕式分頁在網址列背景顏色會不同)，接著於網址列輸入關鍵字或網址開啟該網頁即可。

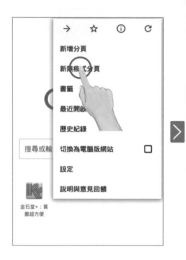

觀看與清除瀏覽紀錄

於畫面右上角按一下 ⋮ 清單中選按 **歷史紀錄** 開啟瀏覽紀錄畫面，選按每筆紀錄右側 ⊠ 即可立即刪除該筆紀錄，或是按下方的 **清除瀏覽資料** 鈕，再核選要清除的項目後，按 **清除** 鈕即完成。

Google 搜尋
什麼都找得到

想要找資料?! 用 Google 就對了！除了可以用文字搜尋網頁、圖片，也可以直接
以圖片或語音搜尋，還可以指定多種的搜尋條件讓結果更符合需求。

用關鍵字及運算子精準搜尋資料

TIPS 22

一般使用上都是在 Google 搜尋列中輸入單一關鍵字,像大海撈針一樣找出需要的資料,在此說明幾種更聰明使用關鍵字的方法。

想要找東京的飯店 (二人房或四人房),要如何才可以找到最符合需求的資料呢?首先於 Chrome 瀏覽器開啟 Google 首頁進行搜尋:

01 於搜尋列輸入「東京 飯店」(二個關鍵字中間要有空白,表示搜尋結果需包括這二個字串),按 Enter 鍵後列出搜尋結果有 800 多萬筆。

02 繼續於搜尋列輸入「二人房 or 四人房」,再按 Enter 鍵搜尋,這次的搜尋結果就會過濾到剩下更精準的資料數。

除了加入 "空白鍵" 及 "or" 串連關鍵字,還可以利用其他 "搜尋運算子" 為搜尋加入更多註解,即可縮小搜尋結果的範圍,以取得精準正確的資料。

搜尋運算子	說明
-	在某個字詞或網址前加上減號 (-),即可排除所有包含該字詞的結果。例如搜尋飯店不想住車站附近,可以輸入:「飯店 -車站」。
" "	使用引號 (""),可找尋完整的句子或精確的字詞,常用於搜尋歌詞或書中文句,例如輸入:「"Hello it's me"」,如果不用引號就會搜尋到所有包含這三個字的網頁了。
*	查詢句子時,如果忘了其中的一、二個字可以利用乘號 (*) 來替代,例如輸入:「白日依*盡 黃河入*流」。
..	(..) 這個符號可以查詢一個範圍,例如查詢價格在 3,000 至 8,000 之間的相機,可以輸入:「相機 $3000..$8000」
filetype	搜尋指定檔案類型。例如輸入:「大數據 filetype:ppt」,即可搜尋出與大數據相關的 PowerPoint 簡報檔案。

搜尋指定尺寸、顏色、類型的圖片

TIPS 23

Google 圖片資料庫中收錄幾十億張圖片，如果只以關鍵字搜尋往往無法快速找到合適的，此時可搭配搜尋工具篩選出需要的圖片。

搜尋圖片時，篩選指定尺寸、顏色、類型...等的方法大同小異，在此示範篩選出圖片實際大小為 "寬：1024 像素"、"高：768 像素" 的圖片。

01 於搜尋列輸入關鍵字「阿里山」，按 Enter 鍵後再選按 **圖片** 項目，會出現圖片搜尋結果，接著選按 **搜尋工具** 鈕，選按 **大小 \ 指定大小**。

02 於視窗中輸入要搜尋的圖片寬度與高度的畫素，再按 **開始搜尋** 鈕，就可以看到所有符合指定尺寸的圖片。(將滑鼠指標移至圖片上即可看到該圖片尺寸大小的標示)

搜尋不同使用權限的圖片

TIPS 24

網路上搜尋取得的圖片在使用時要特別注意著作權限上的說明，可以在搜尋圖片時以搜尋工具依不同的使用權限直接篩選。

選按 **搜尋工具** 鈕後，接著選按 **使用權限** 選項，於清單中可以選擇是否可以重複使用、修改或是可用於商業用途的圖片篩選條件。

TIPS 25

搜尋指定時間長短、品質、來源的影片

關鍵字除了可搜尋圖片,也可以用來搜尋影片,如果只以關鍵字搜尋往往無法快速找到合適的,此時可搭配搜尋工具來篩選出需要的影片。

搜尋影片時,篩選指定時間長度或是品質、來源...等的方法大同小異,在此示範篩選出內容為 4-20 分鐘長度、來源為 youtube.com 的影片。

01 於搜尋列輸入關鍵字「101煙火」,按 Enter 鍵後再選按 **影片** 項目,就會出現 101煙火相關影片。

02 選按 **搜尋工具** 鈕,再選按 **長短不限 \ 4-20 分鐘**,就可以篩選出影片時間長度介於 4-20 分鐘的影片。

03 現在有許多不同的影片網站,有時候只想找單一網站來源的影片,按 **所有來源**,於清單中選按網站名稱就可以了。

小提示 清除 " 搜尋工具 " 所設定的搜尋條件

想要變更其他的搜尋條件,可以先按 **清除**,就會將目前的搜尋條件清除,這樣即可再重新設定搜尋條件。

搜尋指定學術網或特定機構資料

TIPS 26

若只想於學術、政府相關網站搜尋資料，或在某個購物網搜尋產品，都可以用「site:」來指定。

於搜尋關鍵字後方按一下空白鍵，加上「site:」再加上相關的網站或網域，就可以搜尋出網域內符合關鍵字的資料，例如：輸入「文淵閣工作室 site:www.books.com.tw」，即可在於博客來網站中搜尋 "文淵閣工作室" 的相關產品。

"site:" 後方的關鍵網址不需要輸入「http://」，除了可以直接輸入網址來做為指定以外，也可以利用以下的搜尋運算子來指定搜尋或排除相關網域：

搜尋運算子	說明
site:edu	於學術單位網域中搜尋。
site:-edu	搜尋除了學術網域以外的範圍。
site:gov	於政府單位網域中搜尋。
site:org	於財團法人網域中搜尋。
site:edu.tw	於台灣的學術單位網域中搜尋。".tw" 的部分可以替換成各國國碼，常用的國碼有 hk (香港)、cn (中國大陸)、jp (日本)、ca (加拿大)、uk (英國)。

TIPS 27 利用搜尋工具指定多個篩選條件

利用搜尋工具設定多個篩選條件，例如：語言或是時間，可以讓搜尋結果更符合想要搜尋的資料。

若想搜尋東區下午茶吃到飽的餐廳推薦文，且希望是於三個月內發表的文章，最好是繁體中文以便閱讀。

01 於搜尋列輸入關鍵字「東區下午茶吃到飽」，按 **Enter** 鍵後再選按 **搜尋工具** 鈕，選按 **不限語言 \ 繁體中文網頁**。

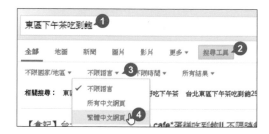

02 選按 **不限時間 \ 自訂日期範圍**，於對話方塊中輸入要搜尋的日期範圍，再按 **開始搜尋** 鈕，就可以將搜尋結果自訂在指定的三個月內。

TIPS 28 好手氣讓你找網頁不再眼花撩亂

在 **Google 搜尋** 鈕的右邊有個 **好手氣** 鈕，讓您在輸入關鍵字搜尋後，自動開啟第一個搜尋結果也是最高人氣的網站。

於「www.google.com.tw」Google 首頁搜尋列輸入關鍵字「金石堂」，按 **好手氣** 鈕，就會直接進入該購物網站，而不需再透過一長串的搜尋結果來尋找與選按。

TIPS 29

以庫存畫面瀏覽已刪除或消失的網頁

網路上的資訊有很多，但有些網站可能頁面已移除或是硬體發生問題導致無法讀取，這時可利用 Google 定期存檔的庫存畫面取得想要的資料。

如果遇到搜尋出來的網站無法讀取時，可以先回到上一頁搜尋結果畫面，並於該搜尋結果的網址後方按 ▼ 清單鈕 \ **頁庫存檔**，就會連結至該網站的 Google 庫存畫面，其中宣告了此庫存網頁擷取的時間，讓您判斷該資訊是否符合您的需求。

TIPS 30

找出更多相似的搜尋結果

未找到符合需求的搜尋結果時，可以利用 **類似內容** 功能讓 Google 搜尋幫您找出更多相似的網站資料。

於搜尋結果的網址後方按 ▼ 清單鈕 \ **類似內容**，就會依這個連結的內容，再次搜尋所有網路上相關的資訊，讓您取得更多相似的結果。

TIPS 31 用圖片搜尋資料

有時候手上只有相關的圖片，卻不知道物品名稱或是風景地點名稱，這時只要以圖搜圖就可以搜尋到相關的結果。

01 於「www.google.com.tw」進入 Google 首頁，選按右上方的 **圖片** 轉換至圖片搜尋畫面，再選按搜尋欄位右側 📷 **以圖搜尋**。

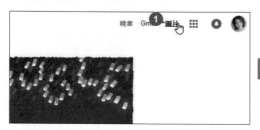

02 選按 **上傳圖片** 標籤，再按 **選擇檔案** 鈕，指定電腦中要做為搜尋依據的圖片檔案位置及檔名後，按 **開啟** 鈕，即開始以該圖片進行搜尋。

03 搜尋完成後，搜尋欄位中就會出現 Google 自動判斷的關鍵字，下方也會出現包含網頁及圖片的搜尋結果。

TIPS 32

在 **Google** 書庫找書或收藏喜愛書籍

Google 書庫中有上百萬本的書籍資料，在這裡可以找到您想要閱讀的書籍，還可以試閱及收藏到自己的書櫃中。

01 於網址列輸入「books.google.com」進入 **Google 圖書** 首頁，於搜尋書籍欄位中輸入關鍵字 (可為書名、書內詞句、書號...等)，按 🔍 鈕開始搜尋。

02 選按正確的搜尋結果即可開啟試閱畫面，如果想收藏此電子書，於畫面上方選按 **加入我的圖書館 \ 我的收藏**，就可以將這本書籍新增到 **我的收藏** 項目。如果想買此本電子書可按左側 **購買電子書** 鈕，即可連結至 **Google Play** 購買。

03 如要查詢已收藏的圖書品項，於畫面左側選按 **我的圖書館 \ 我的收藏**，就可以查詢到已收藏的書籍列表。

49

TIPS 33

搜尋全球學術論文

搜尋學術文章的資料時，如果使用一般的搜尋方式可能會找到許多不相干的資訊，**Google 學術搜尋** 提供了一個簡單的平台，可以廣泛搜尋學術性文獻以及學術單位的報告、論文、書籍、摘要...等資料。

01 於網址列輸入「scholar.google.com.tw」進入 **Google 學術搜尋** 首頁，於搜尋欄位中輸入關鍵字，接著按 🔍 鈕開始搜尋。

02 在出現搜尋結果後可以於左側欄位選按篩選條件，這裡選按 **2015 以後、按日期排序** 及 **搜尋繁體中文網頁**，就可以找出二年內相關題目的繁體中文論文。

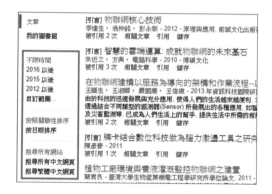

03 找到想要的論文後，選按論文連結下方 **儲存** 可以將其儲存到 **我的圖書館** 中，(如果是第一次使用請在說明頁面中再按一次 **儲存** 鈕)。

04 完成論文的儲存後，於左側欄位選按 **我的圖書館** 就可以檢視所有儲存的文章。

掌握每天最即時的新聞訊息

Google 快訊 可以讓您訂閱不同的新聞類別，分別有娛樂、體育...等，讓您掌握時事不漏接。

01 於網址列輸入「www.google.com.tw/alerts」進入 **Google 快訊** 首頁，於畫面下方 **新聞版面** 要訂閱的項目右側按 ⊞ 圖示。

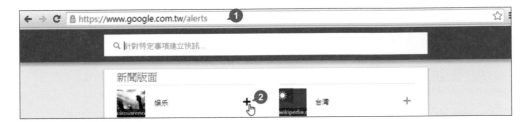

02 回到畫面上方 **我的快訊** 中，在訂閱的項目右側選按 ✎ **編輯** 圖示開啟該新聞類別的快訊設定畫面，依照自己的需求設定快訊的 **頻率**、**來源**、**語言**...等選項，完成後按 **更新快訊** 鈕即可。

03 之後開啟 Gmail，即可於 **收件匣** 中看到 **Google 快訊** 所傳送來的相關新聞訊息。

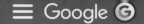

隨時掌握網路上流行的主題文章

TIPS 35

Google 快訊 除了預設的新聞類別以外，還可以指定關鍵字來新增快訊消息，例如 Apple 相關訊息。

於網址列輸入「www.google.com.tw/alerts」進入 **Google 快訊** 首頁，於搜尋列輸入關鍵字，選按 **顯示選項**，設定 **頻率：即時傳送**，按 **建立快訊** 鈕完成，之後只要網路上的文章有新增關鍵字指定的主題，就會立刻寄送信件通知您。

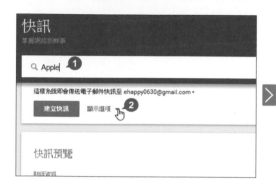

查看現在流行的搜尋關鍵字

TIPS 36

Google 搜尋 是目前最多人使用的搜尋引擎，透過 Google 的統計可以看到目前流行的關鍵字，也可以查看特定關鍵字的流行趨勢。

於 **Google 搜尋趨勢** 首頁 (https://www.google.com.tw/trends)，搜尋列下方的選單可以選擇搜尋的國家，另外下方預設提供了熱搜榜及搜尋趨勢...等資料。如果想了解去年度的搜尋排行榜，可以於畫面中按 **立即探索** 鈕就可以看到去年的大事及趨勢。

TIPS 37 過濾含有不雅內容的搜尋結果

網路資訊包羅萬象難免會有不雅內容，**安全搜尋** 功能可過濾大部分不當圖片或煽情露骨的搜尋結果，讓自己與未成年的使用者更放心使用。

01 於「www.google.com.tw」Google 首頁右下角選按 **設定 \ 搜尋設定**，進入畫面中核選 **開啟安全搜尋**，這樣就可以過濾不當圖片或煽情露骨的搜尋結果。

02 設定過濾結果後，繼續按 **鎖定安全搜尋**，接著輸入帳號密碼後按 **登入** 鈕。

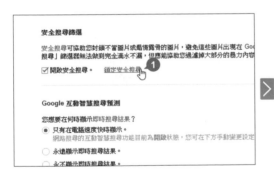

03 按 **鎖定安全搜尋** 鈕，Google 搜尋系統就會將此設定鎖定，為了避免此設定隨便被其他人解除，之後需要密碼才能解開過濾內容的設定。

用說的直接搜尋

除了於搜尋列輸入文字搜尋外，也可以直接用 "說" 的方式下達語音指令，進行搜尋的動作。

於搜尋列右側按 🎤 **語音搜尋**，出現 🎤 圖示就可以開始唸出想要搜尋的句子，電腦即會自動判別讀音後出現搜尋的結果。(電腦需配備麥克風才可使用語音)

Google 幫你翻譯外文網頁

在查資料的時候常會瀏覽國外的文章，逐字翻譯再了解全文實在很辛苦，這時就可利用 Google 網頁翻譯功能。

於搜尋到的網址右側選按 **翻譯這個網頁**，稍後就可以看到翻譯完成的畫面，在畫面上方您可以選擇翻譯的語言，也可以選按右側的 **原文** 鈕比對翻譯後的結果。

Google 線上計算機

臨時要做數值計算卻找不到計算機時,可以直接在搜尋列中輸入計算式,就可以輕鬆得到答案。

只要於搜尋欄中輸入計算式,按 Enter 鍵後就會在下方出現計算結果,還會先乘除後加減 (在乘除的部分自動加上括號),下方出現的 Google 計算機除了基本的加減乘除以外,還可以計算三角函數、指數、幾次方、開根號...等。

查詢電影、日出、換算單位及匯率

想要查詢各地的電影時刻表及播映的電影院,都可以藉由 Google 搜尋到所有相關資料。

於查詢電影場次的地點後方按一下空白鍵,再加上 "電影",例如輸入「台中市 電影」,搜尋結果會出現上映的電影名稱連結,只要點選想看的電影名稱,就可以看到該電影的內容簡介以及目前上映的戲院與時間表。

「星際大戰七部曲：原力覺醒」的放映時間

| 今天 | 明天 | 1月14日 週四 |

整天　上午　下午　晚間　夜間

台中大遠百威秀影城 - 地圖
字幕：中文
　下午3:40　　5:30　　8:40　　11:30

台中老虎城威秀 - 地圖
字幕：中文
　下午5:00　　5:15　　7:50　　10:50

星際大戰七部曲：
原力覺醒
2015 · 奇想科幻 · 2 小時 16 分鐘

傳世經典《星際大戰》系列2015年最新一集！華特迪士尼影業、盧卡斯影業和壞機器人影片公司共同製作，並由華特迪士尼工作室電影發行。故事設定於《星際大戰六部曲：絕地大反攻》30年後，剩餘的帝國勢力形成一個名為第一軍團的組織，新的反派凱羅忍出現，新角色芬恩、芮、波戴姆倫將與新崛起的黑暗勢力產生什麼的衝突？本片由同樣擔任製片、編劇的《星際爭霸戰 闇黑無界》導演J.J.亞伯拉罕執導，他與《星際

除了線上計算機及電影時刻表查詢以外，也可以輸入以下關鍵字來發現更多 Google 好用的快速查詢功能：

功能	輸入關鍵字與結果
換算度量單位	直接輸入數字及單位，例如：輸入「40磅」搜尋結果為「18.14公斤」；輸入「10坪」搜尋結果為「33.05m²」。
查詢當天或一週天氣預報	於查詢的地名後方加上 "天氣"，例如：輸入「東京天氣」搜尋結果出現當時東京的氣溫、降雨機率及風向/風速；輸入「東京一週天氣」則可查詢本週天氣的預報狀況。
日出時間	於查詢的地名後方加上 "日出" 搜尋結果出現指定地點當天的日出時間。
日落時間	於查詢的地名後方加上 "日落" 搜尋結果出現指定地點當天的日出時間。
異地目前時間	於查詢的地名後方加上 "時間"，例如：輸入「紐約時間」搜尋結果出現目前紐約的時間點。
換算匯率	輸入要換算的金額，例如輸入「100美金」，搜尋結果出現可換為多少台幣；如果是外幣換外幣，可以輸入「100美金 = ？日元」就會直接出現美金換為日元的金額，但這匯率是由美國花旗所提供，所以計算的匯率僅供參考。

啟用搜尋紀錄讓搜尋越來越聰明

TIPS 42

Google 搜尋紀錄可以將您每次登入帳戶後的動作完整紀錄起來，Google
會依這些紀錄去改善您的搜尋結果，讓您搜尋的結果越來越精準。

01 於「www.google.com.tw」Google 首頁按右上角帳戶縮圖，選按 **我的帳戶**，於
個人資訊和隱私權 項目中選按 **活動控制項**。

02 在 **您的搜尋和瀏覽活動 (已暫停)** 右側按一下 ⬤，呈 ⬤ 狀，按 **啟用** 鈕可以
開啟紀錄功能。如果要暫停此功能，則可以按一下 ⬤，呈 ⬤ 狀，再按 **暫停**
鈕關閉紀錄。

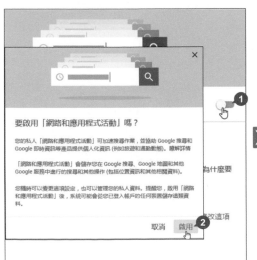
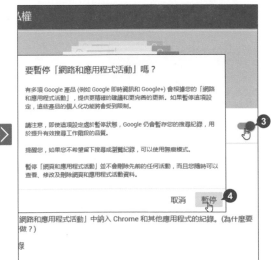

如果要刪除或管理搜尋紀錄，只要按 **管理紀錄**，再次輸入密碼後，即可進到 **網
路和應用程式活動** 管理頁面。

TIPS 43 · Google 搜尋在行動裝置上的應用

Chrome 與 **Google 搜尋** 均是行動裝置上搜尋資料的好幫手，**Google 搜尋** 應用程式是行動裝置上才有的專屬服務，它不只能搜尋關鍵字，還結合了類似在地服務的即時資訊卡，讓您隨時取得週邊的訊息。

> 本 TIPS 是以 Android 系統示範，預設已經內建了 **Chrome** 與 **Google 搜尋** 二個應用程式，如果您的設備中無此應用程式時，請自行至 **Google Play** 商店中搜尋並安裝。

使用行動版 Chrome 搜尋

您可以於行動裝置上直接開啟 ⊙ **Chrome** 瀏覽器，依照 Part.02、Part.03 的操作說明進行瀏覽與搜尋，其技巧與使用方式與在電腦操作無異。

啟用 Google 搜尋的即時資訊

大部分行動裝置都已安裝了 G **Google** 及 G **Google即時資訊啟動器** 應用程式，而且都以搜尋列的模式顯示在行動裝置桌面首頁，只要選按此 Google 搜尋列即能立即執行搜尋指令。

第一次使用行動版的 **Google 搜尋** 時，會出現如下授權畫面，先按 **開始使用**，再滑動畫面至最下方選按 **是，我要啟用** 就可以開始使用。

回到主畫面就可以看到預設建立好的即時資訊卡。

即時取得股票的資訊

Google 即時資訊卡顯示的時機，大部分是根據 Google 帳戶所建立的資訊而適時出現。卡片包含日常生活中，如外出行程、新聞、球賽...等訊息。

接著示範新增股票資訊卡的方法：於即時資訊主畫面中按左上角 ☰ \ **個人化環境**，再滑動至畫面最下方選按 **股票**，接著選按 **⊕**，輸入股票代號後於清單中選按要新增項目，最後在左上角連按二次 ← 回到即時資訊主畫面時，上下滑動畫面就會看到該股票資訊卡。

即時取得工作地點的天氣

新增即時天氣資訊卡的方法：於即時資訊主畫面中按左上角 ☰ \ **個人化環境**，再按 **其他** \ **想知道您工作地點的即時天氣資訊嗎**，再選按 **是**，最後在左上角連按二次 ← 回到即時資訊主畫面時，就會看到該地點的天氣資訊。(如果沒有出現地點的天氣資訊卡，可於 ☰ \ **個人化環境** 中檢查是否設定了 **住家** 與 **公司** 的地點)

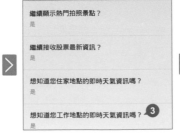

即時取得附近相關的應用程式和網站

開啟與地點相關應用程式和網站資訊卡的方法：於即時
資訊主畫面中按左上角 ≡ \ **個人化環境**，再按 **應用程**
式和網站 \ 地點，再選按 **是**，最後在左上角連按二次 ←
回到即時資訊主畫面。這樣一來，之後到某個餐廳或地
點，就會顯示應用程式建議 Google 的即時資訊 (如推薦
菜色或折價券)。

 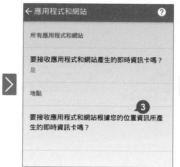 

編輯、顯示或移除資訊卡

於資訊卡右上角選按 ⋮，
根據此張資訊卡的屬性，
會出現是否接收、有沒有
興趣或新增...等項目。

如果不想在即時資訊主畫面顯示某一個資訊卡時，可以直
接在卡片上由左至右滑開即可取消接收。

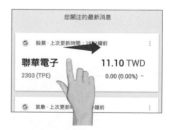

小提示 怎麼找不到 ≡ 符號？

在按了搜尋或畫面上其他功能以後，找不到即時資訊主畫面左上角的 ≡ 來開啟
功能清單嗎？只要按畫面上的 G 或行動裝置上的 ← 鈕就可以回到主畫面了。

輸入文字搜尋

在即時資訊主畫面上方的搜尋列按一下，輸入關鍵字 (過程中會於下方清單顯示其它建議的關鍵字內容供參考)，按虛擬鍵盤上的 **搜尋** 鈕，執行後即會出現符合關鍵字的搜尋結果網頁。

針對圖片、影片、新聞、書籍等類型過濾搜尋結果

搜尋出來的結果網頁，可以於頁面底部選按 **圖片**、**影片**、**地圖**、**新聞**...等類型 (在選項上左右滑動可看到更多項目)，過濾出符合關鍵字的結果網頁。

用說的直接搜尋

除了於搜尋列輸入關鍵字搜尋外，也可以直接選按右側 ↓ 圖示，用 "說" 的方式下達指令，進行搜尋的動作。(或是直接說「OK Google」也可以開啟搜尋)

Google 線上計算或翻譯

如果於搜尋列直接輸入計算式並按虛擬鍵盤上的 **搜尋** 鈕執行，會於下方顯示計算結果。如果於搜尋列輸入「翻譯」，按一下空白鍵，再輸入要翻譯的文字內容 (英文、日文...等) 並按虛擬鍵盤上的 **搜尋** 鈕執行，會於下方顯示翻譯結果。

Google+
雲端應用社群平台

在 Google+ 社交平台中可以輕鬆連結朋友，還整合了 Google 各種服務，與社交圈朋友分享互動更便利即時。

進入 Google+ 社交平台

TIPS 44

Google+ 是 Google 所創立的社群平台，可以與 Google 其他功能如 Gmail、地圖、YouTube...等整合使用。

01 開啟 Chrome 瀏覽器連結至 Google 首頁 (https://www.google.com.tw)，確認已登入 Google 帳號後，選按 ▦ **Google 應用程式** 中的 **Google+**。(若找不到可按 **更多**)

02 第一次使用 Google+ 時要先啟動，選按在左項選項的 **加入 Google+**，建立個人資料，再於右下角按 **升級** 鈕。

03 接著於 **新增成員** 項目，**加入認識的人** 畫面中可以於搜尋列輸入朋友或公司行號的關鍵字，找到合適的朋友可以按 **新增** 鈕將其加入您的朋友名單，再按 **繼續** 鈕。

追蹤您喜愛的事物 畫面中會出現一些建議名單，選按喜好的建議名單右側 **追蹤** 鈕將其加入您的追蹤名單，再按 **繼續** 鈕 (若出現需新增更多社交成員的要求，可先按 **繼續** 鈕略過)。最後於 **展現個人特色** 項目中，可直接先按 **完成** 鈕，完成 Google + 的加入動作。

變更個人大頭照與經歷資訊
TIPS 45

一開始需填寫一些基本的個人資料，您可以隨時變更相片或是增加相關的經歷資料。

01 於左側選單選按 **個人資料** 開啟畫面 (如果沒有看到左側選單，可選按畫面左上角 ☰)，按一下名稱右側的 **關於** 開啟 **管理個人資料** 頁面，再於畫面右下角按一下 ⊕ 圖示新增資訊。

02 選按想要編輯的資料項目，針對各項目填寫個人詳細資訊，完成後按 **確定** 鈕即可。

03 在編輯完成的項目，如果想再次修改內容，可以按項目右上角 ✏ 開啟編輯視窗。而於每個建立完成的資料項目下方，可以設定觀看權限。

04 如果要變更個人大頭照，先按一下大頭照圖像，上傳喜歡的相片後，拖曳矩形四周設定顯示區，再按 **完成** 就完成了大頭貼的替換。

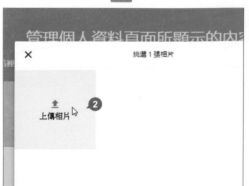

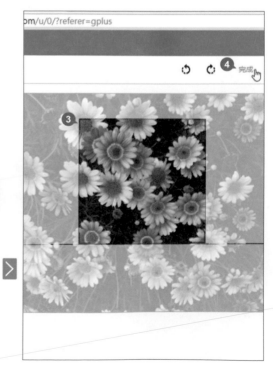

搜尋朋友並加入自訂社交圈

在社群網站中最重要的就是找到朋友,在您找到朋友的同時也可以將朋友歸類至不同的社交圈。

01 於左側選單選按 **使用者**,接著於 **尋找使用者** 標籤中找尋已知的朋友帳號,按朋友帳號下方的 **追蹤**,於清單中核選合適的社交圈,接著按 **完成** 鈕,最後按 **好,我知道了**。

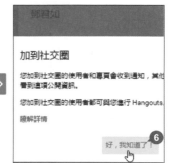

02 如果在推薦名單中沒有看到朋友的帳號,可以按畫面上方的 🔍 ,再於搜尋欄位中輸入朋友的帳號名稱後按 Enter 鍵。找到正確的帳號之後,再按帳號下方的 **追蹤**,一樣於清單中核選合適的社交圈,接著按 **完成** 鈕。

03 預設的社交圈項目如果沒有提供需要的類別時,於左側選單選按 **使用者**,接著於 **已追蹤** 標籤中選按 **新建社交圈**,輸入社交圈名稱後按 **建立** 鈕,如此之後追蹤朋友時就可以加入更合適的分類了。

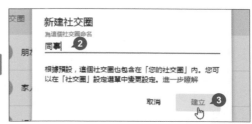

與特定社交圈分享最新的動態訊息

在最新動態中發表自己的近況,可是只想與某個社交圈內的朋友分享,這時可以指定此則動態訊息的分享對象。

回到 **首頁** 畫面於 **最近有什麼新鮮事?** 欄位按一下滑鼠左鍵,輸入留言內容後,於下方附加項目可以選按要上傳分享的項目 (◎ 相片、🔗 連結、⦿ 地點),接著按 🌐 **公開** 於清單中先選按 **顯示詳情**。

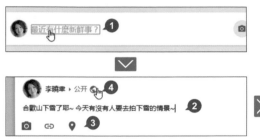

再核選合適的社交圈或特定朋友為分享對象,按 **完成** 回到上一頁,最後按 **發佈** 鈕,即可將這則動態訊息只分享給特定對象。

在訊息串中自動播放動畫圖片

訊息串中預設會自動播放動畫圖片 (Gif),若感覺這個效果在行動裝置瀏覽時反而會影響其他訊息的讀取效率,這時可設定為只有在電腦上瀏覽時才會自動播放。

於左側選單選按 **設定**,於 **訊息串 \ 在訊息串中自動播放動畫圖片** 右側選按 ▾ 清單中選按 **只在桌機上播放**,這樣在使用桌機以外的裝置觀看時就不會自動播放了。

誰可以在你的訊息中留言

若不想已發佈的訊息有不相干的人跑來留言或亂放廣告,可以在設定中一次杜絕。

於左側選單選按 **設定**,於 **一般 \ 哪些對象可以針對您的公開訊息留言?** 項目選按 **管理**,在新視窗當中 **誰可以在您的公開訊息中留言?** 項目設定為 **您的社交圈**,這樣一來就只有社交圈的朋友可以在您發佈的訊息上留言了。(如果設定為 **只限自己** 則只有自己可以留言)

關閉不想收到的訊息通知項目

在 Google+ 的訊息串中,只要您的社交圈朋友與您互動後,都會發送通知訊息,如果覺得太擾人,可以透過 **設定** 來管理通知項目。

於左側選單選按 **設定**,於 **通知 \ 電子郵件** 項目中可以根據 **信息、圈子、照片**...等狀態設定開啟或關閉通知的方式;當您已在行動裝置中登入 Google+,即會出現 **電話** 項目,檢視有哪些項目需要通知再開啟即可,這樣就不會有過多的通知訊息了。

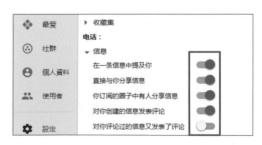

小提示 **不希望收到廣告訊息或其他推薦訊息**

訊息串裡有時會出現 Google+ 推薦的廣告資訊或其它非社交圈朋友的訊息訊息,如果不希望出現這些不相干的訊息,可以於左側選單選按 **設定** 項目,於 **通知** 項目中關閉 **不定期收到關於 Google+ 動態和朋友推薦信息** 項目。

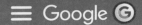

封鎖來路不明的使用者

網路訊息四通八達,常會有不認識或惡意的使用者出現自己的版面上,只要隱藏或封鎖就可以解決煩惱了。

01 於要封鎖的帳號上按一下,進入對方的帳號畫面,再於上方封面相片右側按 ⋮ \ **封鎖個人資料**,這位使用者就不能看到您的任何資訊。

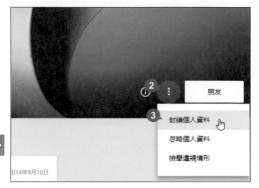

02 如果要取消封鎖,只要再進入對方的帳號畫面,再於上方封面相片右側按 ⋮ \ **解除封鎖個人資料**,想要重新看到對方的貼文就要再按 **追蹤** 鈕。

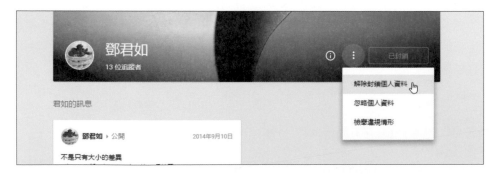

小提示 如何取消追蹤而不封鎖對方?

於對方的帳號畫面,再於上方封面相片右側按 ⋮ \ **忽略個人資料**,這樣就能取消追縱對方,但卻不會完全封鎖。

尋找查看並加入社群

Google+ 中除了可以與朋友分享訊息,也可以加入有興趣的社群,與更多同好交換訊息。

01 於左側選單選按 **社群 \ 推薦** 標籤開啟畫面,如果沒有推薦項目的話,於上方搜尋欄位中按一下滑鼠左鍵。

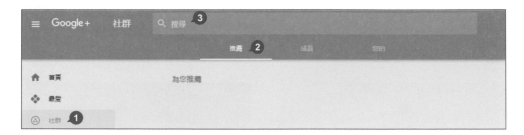

02 接著輸入有興趣的社群主題,輸入完成後按 Enter 鍵,就會顯示相關社群,將滑鼠指標移至想要加入的社群上選按 **加入** 即可。(如果 **加入** 選項顯示為 **要求加入** 時,就表示需等待社群管理員核准後才能加入。)

新增及編輯建立自己的社群

除了加入別人的社群之外,也可以建立屬於自己的社群來集結同好、分享樂趣。

01 於左側選單選按 **社群 \ 您的** 標籤,再選按 **建立社群**。

02 於對話方塊中輸入社群名稱，再設定社群開放權限 (**公開** 就是所有人都能看到，**私人** 就只有受邀的人才看的到)，接著開啟 **要求加入** 項目，這樣想加入此社群的人都需經過您的許可才能加入，最後按 **完成** 鈕即可。

03 於社群畫面的左側，社群名稱右上角選按 ⋮ \ **編輯社群**，在視窗中加入社群 **個性宣言** 及群組圖片，並在輸入相關資料後按 **完成** 鈕，這樣就完成了社群建立。

TIPS 54 # 分享社群相關訊息及資料

創立了一個社群後，最重要的就是吸引社員加入，可以藉由分享資訊的功能讓更多人知道這個社群的存在。

於建立的社群名稱右上角選按 ◄ \ **分享這個社群**，再於 **分享到** 清單中選按要分享的平台，再依步驟登入及分享就可以了。

如果社群設定為 **私人** 社群，就只能分享到 Google+ 中，而沒有其他社交平台的分享選項。

尋找查看並加入最愛粉絲頁

最愛 是追蹤某位名人所建立的專頁，與社群較大的差異是沒辦法在該粉絲頁與其他人討論主題或創作，主要還是針對名人所增添的主題互動。

01 於左側選單選按 **最愛 \ 精選** 標籤中選按想追蹤的版主，確認為您喜愛的主題後，按 **追蹤** 鈕，之後在 **首頁** 訊息串裡就可以看到該版主發佈的訊息了。

02 如果想追蹤某個特定的名人或主題時，可以於畫面上方的搜尋列中輸入關鍵字後按 Enter 鍵，在搜尋結果清單中，再按 **追蹤** 就可以了。

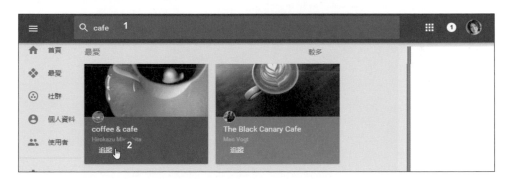

建立及編輯最愛粉絲頁

除了追蹤名人或主題專頁外，您也可以建立屬於自己的粉絲頁，分享屬於您自己的專業知識或是興趣。

01 於左側選單選按 **最愛 \ 您的** 標籤，再選按 **建立最愛**。

02 在對話方塊中輸入最愛名稱後，再設定開放權限 (**公開**、**您的社交圈**、**僅限您本人**) 或是自訂權限，接著輸入個性宣言，最後按 **建立** 鈕。

03 接著可以設定 **標題底色**、選按 ◎ **選擇相片** 設定封面相片，最後按 **儲存** 鈕即可。

04 如果要編輯最愛粉絲頁設定時，可以於最愛名稱右上角選按 ⋮ \ **編輯最愛**，也可以查詢有哪些追蹤者；選按最愛粉絲頁右下角 ✐ 即可張貼您個人的貼文內容。

Google+ 在行動裝置上的應用

透過 Google+ 應用程式，隨時隨地在社交圈分享訊息與掌握狀態、加入社群討論感興趣的話題、建立活動...等，一切都可在指掌間完成。

本 TIPS 是以 Android 系統示範，預設已經內建了 **Google+** 應用程式，如果您的設備中無此應用程式時，請自行至 **Google Play** 商店中搜尋並安裝。

啟用 Google+ 應用程式

請先於行動裝置上選按 **Google+** 圖示，開啟 Google+ 應用程式。

第一次使用行動版的 Google+ 時，會出現如右畫面，按 **繼續** 後，就會進入行動裝置版的 Google+ 首頁。

變更個人大頭照

想要變更 Google+ 大頭照，可透過直接拍照、選擇行動裝置內的相片或選擇雲端儲存的相片設定。

01 於 **首頁** 畫面頂端選按左上角 ▤。

02 於左側選單選按 **個人資料**，接著選按 **編輯個人資料**，進入個人資料畫面之後選按大頭照。

03 選按 **您的相片**，依照需求選擇其中的相片，接著透過矩形方框的範圍上下移動縮放相片，裁剪出需要的範圍後按 **選取**，再按右上角 **儲存**，就可以看到已變更好的大頭照。

變更封面相片

與變更大頭照一樣的操作方式，如果自己沒有滿意的照片，也可以使用 Google+ 精選封面照片。

01 於 **首頁** 畫面頂端選按左上角 ☰ \ **個人資料**，接著選按 **編輯個人資料**，進入個人資料畫面之後選按封面相片右下角的 ◙，再選按 **精選相片**，即可看到 Google 提供的相片。

  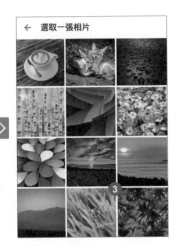

02 選按喜愛的相片後，透過矩形方框的範圍上下移動縮放，裁剪出需要的範圍後按 **選取**，再按右上角 **儲存**，就可以看到已變更好的封面相片。

新增朋友到現有或新建立的社交圈

在行動裝置上搜尋 Google+ 的朋友，加入預設或自訂社交圈，不僅方便又不受限。

01 於 **首頁** 畫面頂端選按右側 🔍 圖示，輸入對方名稱後按一下鍵盤上的 🔍 鍵，在下方出現的使用者清單中找到朋友並按其右側的 📇。(名單中沒有的話，可以按 **更多** 顯示更多使用者)

02 於已建立的社交圈中核選合適的，或選按 **建立新社交圈** 新增其他屬性的社交圈後，按 **完成** 鈕即可。(📇 圖示變更為 ☑ 時，表示已加入成功)

 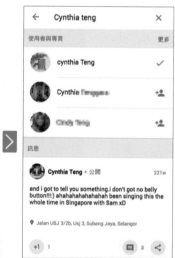

小提示 透過 Google+ 推薦的使用者新增朋友

在搜尋畫面下方的清單中會根據您之前加入的朋友，推薦您可能認識的 Google+ 使用者，可以透過清單直接選按 📇，也可以於 **使用者與專頁** 文字右方選按 **更多**，查看更多推薦的人選或專頁。

分享訊息、相片或位置資訊

出門在外，不管美景、好吃食物或是當下心情，都可以即時在 Google+ 中發表自己最新動態，與親朋好友一起分享！

01 在 **首頁** 畫面上滑至第一則訊息時，選按畫面右下角 ✏ 切換到貼文畫面，輸入訊息文字後，可以選擇要附加的 📍 位置資訊、🔗 網址、📊 問卷，在此選按 🖼 相片，接著選按與內文相關的相片。

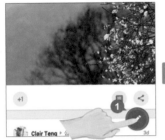  

02 完成訊息內容的建立後，選按 ➤ 圖示傳送，返回主畫面，這時選按下方顯示的 **有新訊息！請輕觸這裡查看**，即可看到剛剛張貼的動態訊息。

小提示 除了分享文字之外，還可以分享什麼？

📍 **位置** 圖示可以新增位置；🖼 **相片** 圖示可以拍攝相片或分享圖片庫中的相片；🔗 **連結** 圖示可以分享連結；📊 **問卷** 圖示可以加入問卷格式的留言。

指定訊息分享的對象

社交圈是 Google+ 重要的一個功能，也是分享的關鍵！如果想要根據訊息內容，選擇在特定的社交圈分享時，只要在貼文畫面中，選按 **公開** (預設留言為公開狀態)，接著選按 **查看更多** 加入要分享的對象或社交圈 (按一下為選取、再按一下為取消選取)，指定好分享的對象後，再選按右上角 ☑ 即可。

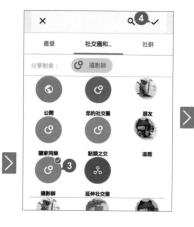

讀取 Google+ 通知

Google+ 通知內容包含：加入社交圈狀態、分享的內容與相片、留言、誰為您的相片 +1 ...等。收到通知時，會於 **首頁** 畫面右下角的 🔔 鈴鐺圖示旁顯示一小紅點，當選按該圖示時，即可開啟通知清單，選按其中某一則通知項目即可開啟相關畫面。

小提示 標示全部已讀與查看已讀通知

在讀取通知的過程中，可以於右上角選按 ✅ 圖示將所有通知標示為已讀取狀態；也可以於通知清單下方選按 **已讀的通知** 查看之前讀取的通知內容。

關閉 Google+ 不需要的通知設定

只要任何與自己有關的訊息、留言或其他活動...等，就會收到 Google+ 通知，這樣一大堆的通知也很擾人！您可以自行設定是否全數接收。

01 於 **首頁** 畫面頂端選按左上角 **≡** \ **設定** 進入後，先選按其中需要調整的帳戶，再選按 **通知**。

02 在 **通知** 畫面中，不管是 **提及您的訊息或內容**、**社交圈**、**相片** 或 **活動**...等項目，都可以根據需求核選或取消核選，設定該項目是否通知。

變更要接收哪些人的通知

除了可以根據需求設定通知的項目外，您想要收到 "誰" 的通知也可以自行設定哦！

01 於 **首頁** 畫面頂端選按左上角 ▤ \ **設定**，先選按其中需要調整通知的帳戶，再選按 **通知**。

02 於 **通知** 畫面選按 **誰可以通知我**，在下一個畫面中選按對象即可。

變更通知鈴聲再加上震動

將預設鈴聲變更後再加上震動就不容易漏了通知，也不會跟其他人的通知聲混淆。

01 於 **首頁** 畫面頂端選按左上角 ▤ \ **設定**，先選按其中需要調整鈴聲的帳戶，再選按 **通知**。

02 選按 **鈴聲** 後，於清單中核選要變更的鈴聲再按 **確定** 鈕，最後於 **通知** 畫面中核選 **震動** 就可以為通知加上震動效果。

建立活動邀請親朋好友

透過 Google+ 應用程式，隨時隨地都可以建立慶生、聚會或各式展覽...等活動，除了能立即邀請所有的親朋好友參加外，相關活動也會一併顯示在 Google 日曆中。

01 於 **首頁** 畫面頂端選按左上角 ☰ \ **活動**，再選按右下角 ✎ 新增活動編輯畫面，輸入活動的名稱、新增日期與時間、地點後，選按 **邀請使用者與社交圈** 右側的 ⊞ 鈕。

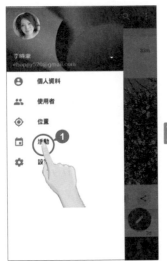  

02 在 **社交圈和使用者** 畫面中，選按要分享的對象或社交圈，再選按右上角 ☑，確認活動的內容、時間無誤後，選按 **邀請** 即完成活動建立。

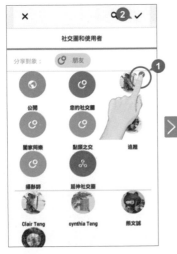  

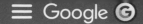

回覆活動邀請

被邀請參加活動時,可以透過 **活動** 畫面決定並通知對方是否參加。

於 **首頁** 畫面頂端選按左上角 ☰ \ **活動** 進入畫面,先選按要回覆的活動,開啟相關畫面,透過清單中 **參加**、**不確定** 及 **不參加** 進行回應。

查看參加活動的朋友與邀請更多人

在開啟的個別活動畫面中,可以選按 **來賓** 下方 **查看全部**,瀏覽人員參加活動的狀況。當然如果想要邀請更多人時,則可以選按 **邀請更多人**,透過清單或輸入名稱、電子郵件、社交圈方式邀請更多朋友。

修改活動內容或主題相片

在開啟的個別活動畫面中，於畫面右上角選按 ⋮ \ **編輯這個活動** 進入編輯畫面後，於下方可直接進行活動時間或內容的修改；也可以選按 **變更主題**，選擇活動適合的主題相片 (可透過左上角選擇 **精選** 或 **信紙風格**)，返回編輯畫面選按 **儲存** 即可。

刪除活動

想要刪除已過期活動時，可以在開啟個別活動畫面中，於畫面右上角選按 ⋮ \ **刪除這個活動**，選按 **確定** 鈕移除該活動內容。

分享我的位置給親朋好友

在外旅遊或是與朋友約好地點卻找不到，這時就可以請對方分享位置，這樣就馬上可以知道彼此的位置了。

01 於 **首頁** 畫面頂端選按左上角 ☰ \ **位置**，首次進入後於出現的訊息中選按 **分享位置資訊**，再於出現的訊息中選按 **取消**。

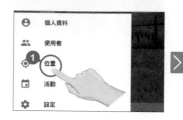  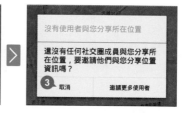

02 於畫面右上角選按 ⋮ (或按裝置上 ☰ 鍵)，選按 **位置設定**，接著選按 **精確位置** \ **選擇分享對象**。

03 接著於清單中核選要分享位置的對象，可以是整個社交圈的朋友，或是指定帳號，核選完成後按 **完成**，對方也完成這樣的步驟後就可以看到彼此的位置了。(可以選按畫面下方的 🔳，選擇帳號名稱來快速尋找位置。)

Gmail & Inbox
跨平台輕鬆使用電子郵件

Google 推出的電子郵件服務：Gmail & Inbox，不但提供免費的儲存空間，更可以協助您將郵件整理得有條不紊，無論使用何種裝置，都能輕鬆使用。

使用 Gmail 電子郵件

Google 旗下的電子郵件服務 Gmail，提供操作簡易及包含超大容量的免費空間，並可以在任何一台上網的電腦、手機、平板上使用。

01 開啟 Chrome 瀏覽器連結至 Google 首頁 (https://www.google.com.tw)，確認已登入 Google 帳號後選按 ▦ **Google 應用程式** 中的 **Gmail**。(若找不到可按 **更多**)

02 進入 Gmail 後會進入如下畫面，即可著手進行郵件收發的相關動作。(如果是第一次使用，則會出現 **歡迎使用** 畫面，可以按 **繼續** 鈕，藉由新手導覽快速熟悉各項功能與操作方式。)

小提示 關於歡迎使用 Inbox by Gmail 畫面

首次進入 Gmail，若是出現 **歡迎使用 Inbox by Gmail** 訊息時，可以先選按 **不用了我要繼續使用 Gmail** 即可進入 Gmail 中；或是一進入 Gmail，開啟的不是如上畫面而是 Inbox 時，選按 Inbox 畫面左側選單的 **Gmail** 即可回到 Gmail。(Inbox by Gmail 現已開放給所有 Gmail 電子郵件用戶使用，於後續的 P.108 中有詳細的說明。)

寫封信給朋友並進行傳送

接下來就透過 Gmail 寄信了！為了測試信件是否可正常收發，先來寄封測試信給自己吧！

01 於 Gmail 畫面左側按 **撰寫** 鈕，開啟 **新郵件** 視窗。

02 輸入收件者的電子郵件帳號、主旨及信件內容後，按 **傳送** 鈕。

閱讀收到的電子郵件

除了寫信與寄信，當收到別人的電子郵件時，如何閱讀？以下就開啟先前寄送給自己的測試信。

01 **收件匣** 除了顯示未讀取的電子郵件數量，郵件清單中尚未讀取的電子郵件字體也會呈現粗黑狀。選按信件的主旨文字，即可閱讀詳細內容。

02 瀏覽結束後，可以選按 ⏎ **返回收件匣** 鈕回到 **收件匣** 郵件清單。

回覆與轉寄電子郵件

TIPS 61

收到的電子郵件,可於瀏覽過後,直接回覆對方或是轉寄給其他人,讓對方不致於苦苦等待。

01 想要回信給對方時,只要在開啟的郵件瀏覽畫面中選按 ⬑ **回覆** 鈕,直接輸入回覆內容後,按 **傳送** 鈕即可。

02 如果想要轉寄給其他人,可以在開啟的郵件瀏覽畫面中,選按 ⬇ **更多** 清單鈕 \ **轉寄**,輸入收件者的電子郵件帳號後,按 **傳送** 鈕完成轉寄動作。

小提示 放棄回覆或轉寄的草稿

在進行回覆或轉寄的過程中,如果想取消正在撰寫的信件,可以在下方選按 🗑 **捨棄草稿** 鈕。

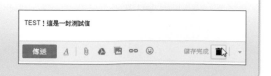

刪除單一電子郵件

看過的電子郵件如果不想保留，可以透過 **刪除** 鈕清除不需要的電子郵件，避免佔用這個帳號的雲端空間。

在開啟的郵件瀏覽畫面中，選按上方 📩 **刪除** 鈕，即可刪除該封電子郵件。

一次刪除多封或所有電子郵件

如果覺得電子郵件一封封刪除很麻煩，可以透過以下方式，一次選取多封或是所有不需要的電子郵件，進行刪除。

01 在郵件清單中核選多封要刪除的電子郵件後，選按 📩 **刪除** 鈕，可以刪除多封選取的電子郵件。

02 想要一次選取並刪除全部的電子郵件時，可以選按 ☑ **選取** 鈕 \ **全選**，這時會選取此畫面中的所有郵件，預設一個畫面中可呈現最多 50 封郵件。再選按 📩 **刪除** 鈕，即可刪除所有選取的郵件。

(畫面上方會出現：「已選取這個頁面上全部 50 個會話群組。選取「***」中全部 **個會話群組。」，如果想要一次刪除所有郵件，而不是僅刪除目前畫面上的 50 封郵件時，請選按 「選取「***」中全部 **個會話群組」 連結選取所有郵件，再進行刪除即可。)

復原已刪除的電子郵件

TIPS 64

一不小心刪錯電子郵件怎麼辦？不要慌！Gmail 可以透過以下方式回復刪除的郵件。

01 刪除電子郵件後，會於上方立即出現黃底黑字的通知訊息，如果當下發現刪錯了信件時，選按 **復原** 即可將刪除的信件，重新置放於 **收件匣** 中。

02 如果錯過了黃底黑字的通知訊息，可選按 Gmail 畫面左側 **更多**，於展開的清單中選按 **垃圾桶**。

03 剛才刪除的電子郵件會暫存於此，保留 30 天後 Gmail 會自動清除。這時可以核選要復原的一封或多封電子郵件後，選按 ▣▾ **移至** 鈕 \ **收件匣** 即可還原。

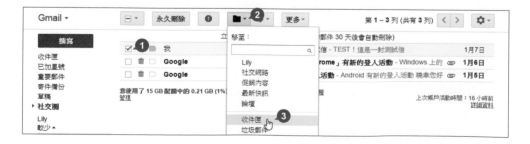

信箱容量爆滿？永久刪除電子郵件

垃圾桶 中存放的郵件，雖然 Gmail 會於 30 天後進行永久刪除的動作，但若信箱已爆滿，手動刪除還是最即時有效率的方法。

01 在 **垃圾桶** 中可以核選個別電子郵件，選按 **永久刪除** 鈕，即可永久刪除該郵件。

02 或直接選按 **立即清空垃圾桶**，在提示對話方塊中按 **確定** 鈕，確認刪除的郵件後，即可永久刪除 **垃圾桶** 中的所有郵件。

電子郵件中附加檔案

電子郵件除了可以輸入文字之外,還可以在郵件中插入相片、文件或音樂...等檔案,以附加檔案的方式進行傳送。

01 開啟新郵件,輸入收件者帳號、主旨及內容後,選按下方 📎 **附加檔案** 鈕,於 **開啟** 對話方塊中選取需要附加的檔案,按 **開啟** 鈕。

02 選按下方 📎 **附加檔案** 鈕可以繼續加入其他檔案,檔案會一一上傳,如果按檔案項目右側 ✕ 鈕則是取消檔案的附加,最後再按 **傳送** 鈕將此包含附加檔案的郵件寄送出去。

電子郵件中附加 Google 相簿的相片

電子郵件的附檔除了可以插入本機內的檔案,就連備份在雲端上的 Google 相簿,不管單張或多張的相片都能直接插入。

01 開啟新郵件,輸入收件者帳號、主旨及內容後,選按下方 🖻 **插入相片** 鈕,開啟 **插入相片** 對話方塊。

02 **相片** 項目中可以看到 Google 相簿內的所有相片,並透過選按 (呈 ✓ 狀) 選取單張 / 多張相片,另外還提供 **相簿** 或本機 **上傳** 的相片來源;最後選擇以 **內嵌** 或 **電子郵件附件傳送** 方式插入相片後,按 **插入** 鈕,再按 **傳送** 鈕即可將此包含相片的郵件寄送出去。

小提示 透過 Google 相簿插入行動裝置內的相片

只要將行動裝置中的相片備份到 Google 相簿 (可參考 P.295),待於電腦上欲寄送郵件時,即可隨時插入行動裝置內的相片。

Gmail 支援 10GB 超大附加檔案

一般傳統電子郵件附加檔案大小最多只能到 25MB，不過和 Google 雲端硬碟整合後，利用 Gmail 寄送 10GB 以內大小的附加檔案都不成問題哦。

01 開啟新郵件，輸入收件者帳號、主旨及內容後，選按下方 ▲ **使用雲端硬碟插入檔案** 鈕。

02 一開始會出現 **使用 Google 雲端硬碟插入檔案** 畫面，可選擇已儲存於雲端硬碟中的檔案，或上傳在本機電腦中的檔案，在此選擇後者，所以在 **上傳** 項目中按 **從您的電腦中選取檔案** 鈕，於 **開啟** 對話方塊中選取要附加的檔案，按 **開啟** 鈕。

03 若選擇的是目前在本機中的檔案，按 **上傳** 鈕時，會將選取的檔案先傳送到雲端硬碟中。

 **04** 上傳完成後就會在郵件內容下方產生下載連結，最後按 **傳送** 鈕將此包含附加大檔案的郵件寄送出去。

小提示 貼心提醒附加檔案超過上限

如果沒有仔細檢查檔案大小，就選按
附加檔案 鈕並選取檔案後，會出現
如右的警告訊息提醒您附件大小超過
25 MB 上限，不過請放心，您仍可以
選擇使用 Google 雲端硬碟傳送檔案。

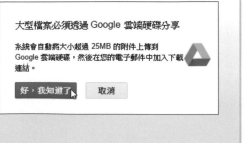

TIPS 69 瀏覽並下載電子郵件中的附加檔案

收到對方寄送的電子郵件,內含附加檔案時,除了直接於線上預覽外,也可以下載至本機儲存或下載至雲端硬碟存放。

01 在 **收件匣** 中收到的電子郵件,如果主旨右側有顯示 📎 迴紋針圖示時,代表這封電子郵件另外附加了檔案。

02 在開啟的郵件瀏覽畫面中,會於內容下方顯示附件檔案縮圖。

03 選按縮圖即可以直接瀏覽檔案詳細內容;如果按 ⬇ 或 ☁ 鈕則可以選擇下載至本機或儲存至雲端硬碟。

直接編輯 Gmail 中的 Office 附加檔案

電子郵件內含的附加檔案如果是 Office 文件時，不需要下載就可以直接開啟 Google Drive，在雲端上進行編輯，不受地域或軟體限制。

01 在開啟的郵件瀏覽畫面中，會於內容下方顯示 Office 附件檔案縮圖，將滑鼠指標移到附件縮圖上時按 ✎ 鈕。

02 這時 Gmail 會把 Office 檔案依屬性分別轉換成 Google 文件、試算表或簡報，直接進行線上編輯，不但可以省去下載時間，即使出門在外，也可以隨時在雲端上進行處理。(線上進階的文件編輯動作可以參考第八章)

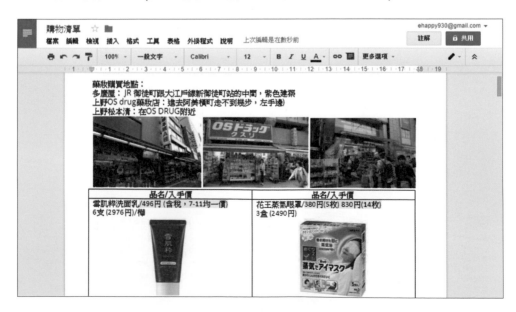

郵件自動分類整理更輕鬆

Gmail 提供的自動分類功能，可以將收到的電子郵件，自動過濾到 **主要**、**社交網路** 或 **促銷內容**...等預設分頁，讓尋找郵件時變得更有效率。

01 在 **收件匣** 中 Gmail 預設已經啟動自動分類功能，但如果沒有看到 **主要** 或 **社交網路**...等預設分頁，或是還想開啟其他分頁時，可以選按 ⚙ **設定** 鈕 \ **設定收件匣**。

02 在 **選擇要啟用的分頁** 中，預設提供 **主要、社交網路**...等五個分頁，可以透過核選與否選擇要啟用或隱藏的分頁，還可以將加星號的郵件指定放在 **主要** 分頁，接著按 **儲存** 鈕完成設定。

利用標籤讓電子郵件分類更清楚

若覺得自動分類功能所提供的分頁不太夠，也可以透過手動方式建立需要的標籤，讓郵件依指定條件加上標籤進行分類管理，以更符合自己需求。

01 選按 Gmail 畫面左側 **更多**，於展開的清單中選按 **建立新標籤**。

02 在 **新標籤** 中，輸入新的標籤名稱後，按 **建立** 鈕。

03 回到 **收件匣**，先核選要建立篩選條件的一或多封電子郵件後，選按 **更多 \ 篩選這類的郵件** 準備建立篩選條件。

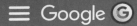

04 在 **篩選器** 中,**寄件者** 會自動填入對方的電子郵件,確認無誤後選按 **根據這個搜尋條件建立篩選器**。

05 接著核選 **套用標籤**,選按 **選擇標籤 \ 旅遊** (剛剛建立的新標籤),再核選 **將篩選器同時套用到 ＊ 個相符的會話群組** 後按 **建立篩選器** 鈕。

06 回到 **收件匣** 中,會發現之前核選的電子郵件,會標示 **旅遊** 文字 (剛剛建立的新標籤),而左側會出現 **旅遊** 標籤,相關電子郵件都已歸納於此處。

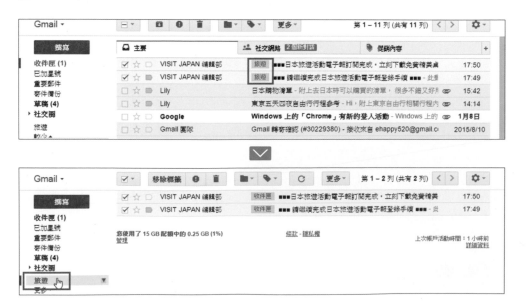

為標籤自訂顏色快速找到重要郵件

除了透過標籤輕鬆管理不同類型的郵件，如果想要在 **收件匣** 中一眼辨識出某個重要的標籤郵件，還可以透過顏色加強顯示，更快找到郵件。

01 在 Gmail 畫面左側欲設定顏色的標籤選按右側 ▼，於展開的清單中選按 **標籤顏色**，接著指定顏色。

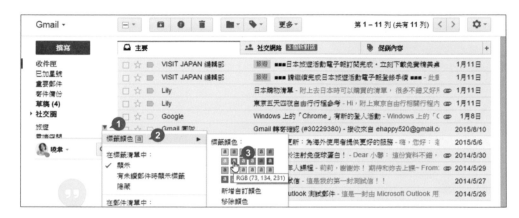

02 在 **收件匣** 的郵件清單中一眼就可以看到標籤顏色，輕鬆辨識出不同類別的郵件；另外左側的標籤也會以色塊表現。

小提示 **標籤顏色的更換、自訂與移除**

標籤的顏色，如果想要調整、自訂或是移除，可以再次選按左側標籤的 ▼ \ **標籤顏色**，在清單中重新選擇顏色、**新增自訂顏色** 或 **移除顏色**。

在電子郵件結尾處自動附加簽名

TIPS 74

電子郵件簽名可以是公司名稱、姓名、地址、手機...等資訊,以文字或圖片方式附加在信件後方,讓收到這封電子郵件的人能了解您的相關資訊。

01 在 Gmail 畫面中選按 ⚙ **設定** 鈕 \ 設定。

02 在 **設定** 畫面中,於 **一般設定 \ 簽名** 項目核選如圖標示處,輸入簽名資料並設定文字格式後;也可選取要加入連結的電子郵件或網址,按 ∞ **連結** 鈕進行設定。

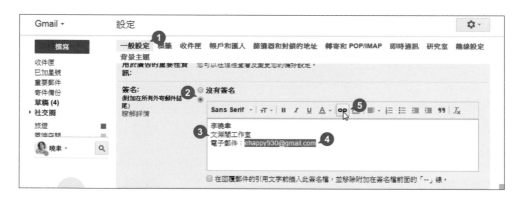

03 加入連結的電子郵件或網址會呈現藍字底線,選按 **變更** 可編輯連結,選按 **移除** 可刪除連結,最後於畫面最下方按 **儲存變更** 鈕。之後在新增電子郵件時便會附加簽名。

有新郵件時自動跳出桌面通知

現在透過 Gmail 內建的 **桌面通知** 功能，就可以在工作中隨時收到新郵件的通知訊息。

01 在 Gmail 畫面中選按 ⚙ **設定** 鈕 \ **設定**，於 **一般設定 \ 桌面通知** 項目核選 **啟用新郵件通知** 後，選按 **按這裡即可啟用 Gmail 的桌面通知功能**。

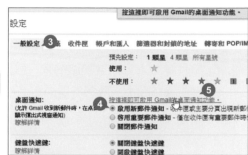

02 接著會於瀏覽器上方出現允許通知，按 **允許** 鈕後，回到 **設定** 畫面最下方，按 **儲存變更** 鈕。

03 下一次再登入 Google 帳戶並維持 Gmail 畫面開啟不關閉的狀態下，當收到新郵件時，就會於電腦桌面右下角出現通知訊息。

TIPS 76 將親朋好友的電子郵件加入通訊錄

每次寄封信,還要輸入對方的電子郵件真是麻煩!您可以整理親朋好友的電子郵件,建立屬於自己的通訊錄。

01 在 Gmail 畫面左側,選按 **Gmail \ 通訊錄**,切換到相關畫面。

02 全新的通訊錄,操作與管理變得更加人性化,區塊方式呈現的介面,左側包含 **所有聯絡人、經常聯絡的人、設定、匯入、匯出**...等各式選項,當選按後會於右側進行顯示。接著於畫面右下角選按 **新增聯絡人** 圖示。

03 這時會切換到新增聯絡人的介面,輸入欲新增的聯絡人姓名後,按 **建立** 鈕。(輸入聯絡人姓名的過程中,下方清單會列出 Google+ 上相關的公開聯絡人資料,也可以直接按該名朋友個人項目右側 🔲 新增聯絡人。)

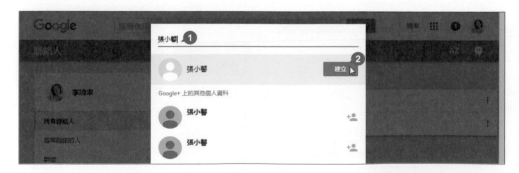

04 開啟 **編輯聯絡人** 介面,輸入電子郵件或其他基本資料後按 **儲存** 鈕即完成建立,接著按 ⬅ 返回聯絡人主畫面。

05 會發現剛剛建立的聯絡人資料已顯示於此處,如果想要編輯某一聯絡人資料,可將滑鼠指標移至該聯絡人項目再選按 ✎ **編輯** 開啟個人資料畫面進行修改;如果想要刪除聯絡人,則是可以選按 ⋮ **更多動作 \ 刪除**。

小提示 聯絡人上的各項相關操作

聯絡人主畫面上的聯絡人資訊,除了上面提到的編輯與刪除功能外,當您將滑鼠指標移到聯絡人項目上會呈現如下的其他功能,可進行相關操作,由左而右分別為:

選按 ☐ 可以選取該聯絡人;選按聯絡人姓名則會開啟該連絡人資訊;選按電子郵件則是傳送電子郵件給該聯絡人;選按電話則是會撥打電話;選按 ☆ 將聯絡人加入最愛;選按 ◎ 將聯絡入歸類到預設或自行建立的社交圈。

更聰明的電子郵件服務 Inbox by Gmail

全新 Inbox by Gmail，可以幫助您在短時間內篩選出重要的郵件或資訊，大幅節省處理的時間，重新翻轉以往郵件的使用經驗。

Gmail 從推出至今，一直是最為普遍與好用的電子郵件管理系統，著實成為大家生活與工作的好幫手。只是為了因應日趨複雜的廣告、社交信件，與像 LINE 這類型的通訊軟體逐漸取代傳統電子郵件的狀況，還有行動裝置的普及造成訊息接收與傳遞皆要求快速...等因素，Google 推出全新的電子郵件服務 Inbox by Gmail，重新打造更具智慧與便利的電子郵件管理系統。

01 目前 Inbox 全面開放，如果想要進行體驗，Google 提供了網頁版與 App 版 (Andrios \ iOs)，基本上二種平台的介面與操作均相同，以下便透過電腦的瀏覽器輸入 「http://www.google.com/inbox/」網址，然後按右上角 **登入**。

小提示 **Inbox 帳號登入**

目前 Gmail 與 Inbox 不但可以並存，資料還能相互同步，所以當您已登入 Gmail，在切換到如上網頁並選按 **登入** 時，會直接進入 Inbox；但如果尚未登入 Google 帳戶時，則會出現如右的登入畫面，您可以輸入密碼再按 **登入** 鈕即可。

02 在進入 Inbox 介面之前，會先出現簡介畫面，可以透過左右二側的方向鈕前後切換瀏覽，看完後隨即進入 Inbox。

03 Inbox 有別於 Gmail 原先單調、冗長的畫面，整個設計運用圖示與區塊並搭配色彩，呈現出輕鬆活潑的一面。Inbox 不僅提供強大的郵件群組與分類功能，郵件中的相片附檔不用打開就可直接預覽，班機、訂房或購物...等重點資訊一目瞭然，手邊的待辦事項可以建立提醒並設定延後提醒的時間或地點...等，各種郵件管理功能，讓工作效率全面提升。(選按 Inobx 畫面左上角的 ☰ 可開啟左側功能表)

自動分類功能讓郵件輕鬆管理

收件匣中購物、社群、廣告、帳單...等郵件一大堆，Inbox 會根據性質自動分類，不僅達到集中管理，更可一次掌握。

01 Inbox **收件匣** 中，會自動將相關的電子郵件歸到 **購物交易**、**財務**、**社交**、**促銷內容** 四個預設類別，而該郵件分類 (如下圖)，淺灰色數字代表標籤中的郵件數，"**封新郵件" 則表示已收到的新郵件數，未讀的電子郵件中間寄件者名稱會以粗體顯示。

02 已分類的郵件除了可以透過畫面左側的 **收件匣** 看到，也可以在 **收件匣中的分類郵件** 下選按類別名稱進入檢視。

03 Inbox 收件匣中的郵件若不屬預設的四個類別時，則會以寄件者名稱顯示在收件匣清單中，若希望將之前已設定的標籤加入收件匣的分類依據，需先開啟其歸類功能。在 **未分類郵件** 項目下選按標籤右側 ⚙，在 **設定** 畫面按一下 **將收件匣中的郵件歸類** 右側 ▭關閉 呈 開啟▭，並設定郵件分類在收件匣中的顯示頻率，最後按 **關閉** 鈕即可。

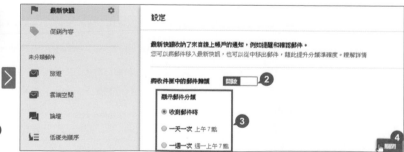

自訂郵件分類標籤並建立篩選條件

除了使用之前 Gmail 設定的標籤，在 Inbox 中也可以依照需求自訂標籤名稱，並建立篩選條件。

01 選按 Inbox 畫面左側 **新建**，輸入標籤名稱後按 **儲存** 鈕，先完成標籤建立。

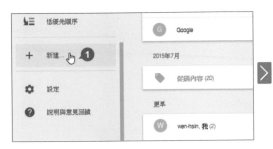

02 接著為新建立的標籤設定郵件篩選條件 (尚未啟動分類的標籤，預設都會顯示在 **未分類郵件** 項目下)，請先在 **設定** 畫面中按 **新增** 鈕。

03 選按 **寄件者** 欄位右側 ▾ 鈕，從清單中選擇篩選項目，再於右側輸入名稱、電子郵件地址或關鍵字，下方即會出現符合該篩選條件的郵件，然後按 **儲存** 鈕返回 **設定** 畫面。(篩選條件可以依需求新增多筆項目)

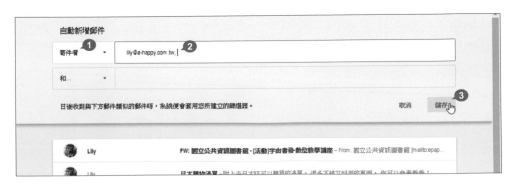

04 調整郵件分類在 **收件匣** 中的顯示頻率後按 **關閉** 鈕,這時候會發現新建立的標籤已從原本的 **未分類郵件** 項目移到 **收件匣中的分類郵件** 項目

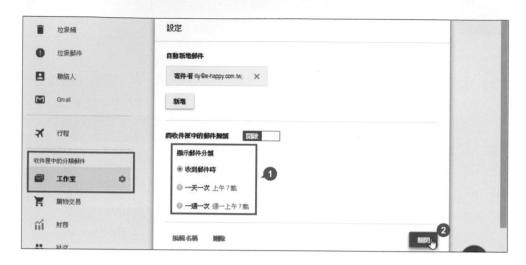

05 郵件分類設定完後,當日後收到符合篩選條件的郵件時,Inbox 會將這些郵件加以分類。而已經存在 **收件匣** 的郵件則必須透過手動方式自行移動,在欲搬移的郵件最右側選按 ⋮,清單中選按剛剛建立的標籤即完成分類動作。

小提示 **移動多封郵件到指定標籤**

遇到多封郵件需要移動到指定標籤時,可以在欲移動的郵件最前方按 ☐ 呈核選狀,然後於上方選按 ⋮,清單中選按先前建立的標籤即完成多封郵件分類的動作。

郵件附加圖片一目瞭然

郵件中附加的圖片，在 Inbox 中不用直接打開就可以在 **收件匣** 中預覽，大幅減少郵件開啟的次數，更快看到重點。

Inbox 訊息預覽功能，在第一時間收到郵件時，就可以直接預覽郵件中的附件圖檔；如果圖片太多，只要按一下右側的 ▶ 鈕，就可以往右移動瀏覽所有圖片。

班機、訂房、購物...重點資訊一覽無遺

Inbox 除了可以預覽郵件的附加圖片，另外像是班機預訂、飯店訂房、書籍或衣服購買...等交易內容，一樣不用開啟郵件就可預覽重點資訊。

以往在 Gmail，不管收到訂房、購物...等訂單或取貨通知信件時，總是 "落落長"，相關的日期或金額 ...等資訊反而不容易看到。

在 Inbox 中，它會自動分析這類型的郵件，將重要的時間、地點...等訊息，以重點方式提示，並搭配代表性圖片 (像如下訂書取貨通知以包裹圖表示)，不用開啟郵件，就能直接掌握重點，馬上執行後續動作。

收件匣頂端新增待辦事項提醒

利用提醒功能將手邊待處理事項記下來，**收件匣** 頂端就會看到這些 "重要" 且需待辦的提醒事項。

01 在 Inbox 中，將滑鼠指標移到畫面右下角 ➕，在出現的快捷選項中選按 ⬇ **提醒**，出現 "記得要..." 欄位輸入提醒的內容後，按 **儲存** 鈕。

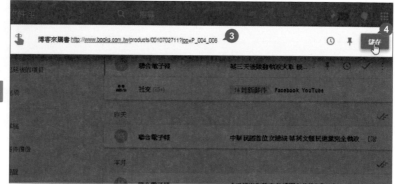

02 新增的提醒，會出現在 **收件匣** 的最上端，並分別標示 ✋ 與 📌 圖示，與其他郵件產生區隔。

小提示 **標示提醒已完成或刪除提醒**

當提醒項目完成時，可以選按 ☑ 標示為已完成；如果要刪除提醒項目時，則可以選按 ⋮\ **垃圾桶**。

延後提醒或郵件的顯示時間

加入的提醒事項或收到的郵件，如果不想立刻看到或處理，可以透過 **延後** 功能，決定顯示在 **收件匣** 的時機點，等到方便時再行處理。

01 在 Inbox 提醒事項或郵件上，選按 ⏰ **延後到**，清單中除了四組預設的時間點，另外還可以選按 **選擇日期和時間** 進行自訂 (**選擇地點** 必須透過行動裝置設定)。以下自訂日期與時間後，再指定是否需週期性的重複顯示，最後按 **儲存** 鈕。

02 **收件匣** 中的延後提醒事項或郵件會直接隱藏起來，選按 Inbox 畫面左側 **已延後的項目** 中則可以看到欲發生的提醒事項及待處理的郵件。待指定的時間一到，在 Inbox 畫面 **收件匣** 中或行動裝置上就會收到提醒通知。

固定優先處理的重要郵件

將重要需追蹤的郵件，"固定" 在 **收件匣** 中，讓這類郵件不僅可快速被找到，還可以藉由 "記得要..." 提醒自己欲處理的方式。

01 開啟郵件，選按 📌 **固定至收件匣**，在出現 "記得要..." 欄位輸入提醒的內容後，按 **儲存** 鈕。

02 郵件如果原先是歸納在某一分類標籤中，在執行 **固定至收件匣** 操作時，會將該郵件獨立顯示在 **收件匣**，除了標示 📌 圖示，另外在 👆 圖示旁會顯示這封信如何處理的提示文字。

> **小提示** 查看提醒
>
> 按一下 **收件匣** 頂端的 切換鈕呈 狀，即可查看已固定在 **收件匣** 的電子郵件和提醒清單；如果要查看未來的特定和週期性提醒，可以選按 Inbox 畫面左側 **已延後的項目**；如果要查看過去、現在和未來的所有提醒，則可以選按 Inbox 畫面左側 **提醒**。

Gmail 在行動裝置上的應用

Gmail 除了可以在電腦上進行操作，在行動裝置上只要搭配 Gmail 應用程式的使用，就可以讓您隨時隨地收發信件。

> 本 TIPS 是以 Android 系統示範，預設已經內建了 **Gmail** 應用程式，如果您的設備中無此應用程式時，請自行至 **Google Play** 商店中搜尋並安裝。

閱讀電子郵件

請先於行動裝置上選按 M **Gmail** 圖示，開啟 Gmail 應用程式。

Gmail 中預設會直接進入 **主要** 收件匣，除了可以透過手指上下滑動查看電子郵件外；想要開啟時，只要在該電子郵件上按一下即可瀏覽詳細內容。

切換收件匣或標籤項目

除了預設的 **主要** 收件匣外，如果想要切換其他收件匣或標籤時，可以先按左上角 ☰，再於清單中按要開啟的項目，即可進行切換。

瀏覽電子郵件中的附加檔案

電子郵件如果附加了檔案，**主要** 收件匣中會以 🖉 圖示表示，當開啟郵件後直接按下方的附加檔案縮圖，就可以進行檔案內容的預覽。

小提示 沒有開啟附加檔案的應用程式？！

如果沒有可開啟該附加檔案的應用程式，會出現如右的對話方塊告知您至 Google Play 搜尋並安裝相關應用程式。

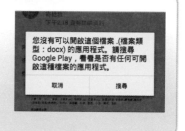

下載並儲存電子郵件中的附加檔案

電子郵件的附加檔案除了可以直接預覽外，如果想要下載並儲存，可以於縮圖中選擇下載檔案至本機儲存或儲存至雲端硬碟。

新增電子郵件並附加檔案

如果要撰寫一封新的電子郵件時，可以在 Gmail 收件匣右下角選按 ✎，輸入收件者、主旨及內容；如果要額外附加檔案時，則是選按 📎，於清單中選按 **附加檔案** 或 **插入雲端硬碟的連結**；最後再選按 ➤ 即完成電子郵件傳送。

刪除電子郵件

要刪除個別電子郵件時，可以在開啟該封電子郵件後，選按上方 🗑；如果想要一次刪除多封郵件時，可以在 Gmail 收件匣中，於要移除的多封電子郵件最左側圖示上按一下，呈 ✔ 狀，再按上方 🗑 即可一次刪除多封電子郵件。

Inbox 在行動裝置上的應用

Inbox 在行動裝置上比在電腦更能發揮效能，不僅節省處理電子郵件的時間，更能有效率的完成各項排程，讓您輕鬆做好時間管理。

> 本 TIPS 是以 Android 系統示範，預設已經內建了 **Inbox** 應用程式，如果您的設備中無此應用程式時，請自行至 **Google Play** 商店中搜尋並安裝。

登入行動版 Inbox

請先於行動裝置上選按 ✉ **Inbox** 圖示，開啟 Inbox by Gmail 應用程式。

第一次開啟 **Inbox** 應用程式時，會出現如圖的介紹畫面，透過左右滑動瀏覽特色，最後按 **完成**。

使用快捷選項迅速傳送電子郵件

在 Inbox **收件匣** 右下角選按 ➕，快捷選項中除了可以透過 ✏ **撰寫** 鈕建立新的電子郵件，另外還會顯示最常往來的三位聯絡人。

建立自訂分類標籤與篩選條件

開啟電子郵件後可以選按右上角 ⋮，透過清單中預設或之前於 Gmail 建立的分類標籤，達到電子郵件分門別類的目的；當然也可以依照如下方式選按 **新建**，進行新增標籤的動作。

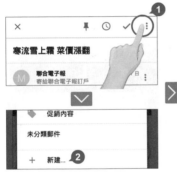

完成建立的標籤，還可以再編輯篩選條件，設定寄件者的關鍵字或電子郵件，調整後按 ← 即完成。

設定個人提醒

在 Inbox **收件匣** 右下角選按 ✚，快捷選項中按 👆 **提醒**，出現 "記得要..." 欄位輸入提醒的內容後，按 **儲存**，新增的提醒會出現在 **收件匣** 的最上端。

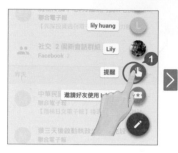  

將電子郵件或提醒延後

建立的提醒或收到的電子郵件，想要延後在 **收件匣** 的顯示時機，可以在其項目上由右至左滑開後，按 **選擇日期和時間** 自訂，還可指定是否週期性的重複顯示，最後按 **儲存**。

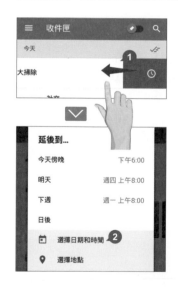  

於 **收件匣** 左上角按 ≡，選單中按 **延後項目** 就可以看到已延後的提醒事項或電子郵件，待時間一到，行動裝置上就會收到相關通知。

將電子郵件或提醒標示為 "完成"

當看完或處理完某個提醒或某封電子郵件時，可以在其項目上由左至右滑開標示為 "完成"，該則提醒或電子郵件就會移出 **收件匣**。

如果要一次將多封郵件標示為完成時，則可以在寄件者圖示上按一下呈 ☑ 狀，當選取多封電子郵件後，再按 ☑ 即會將整批電子郵件標示為完成移出 **收件匣**。

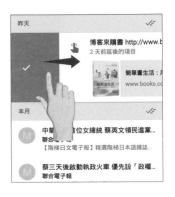

將指定時間點內的郵件標示為 "完成"

在 **收件匣** 中，郵件是依 **今天、昨天、本月**...時間進行分類，按任一時間群組右側 ☑，在出現的對話方塊中按 **確認**，指定時間內未固定的電子郵件會全部標示為完成並移出 **收件匣**。(已固定的電子郵件則會依然保留在 **收件匣** 中；"固定" 的設定方法可參考下頁))

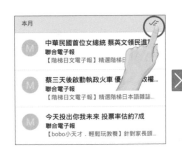

小提示 查看所有標示為 " 完成 " 的提醒或電子郵件

標示 "完成" 的提醒或電子郵件，可以於 **收件匣** 左上角按 目，選單中按 **完成** 就可看到。而顯示在 **完成** 中的電子郵件會根據完成的日期排列，並以在 **收件匣** 中的分類進行顯示。

將電子郵件或提醒 "固定" 在收件匣

如果想持續追蹤與注意 **收件匣** 中的某些重要的電子郵件或提醒時,可以在開啟該電子郵件或提醒的狀態下,按 ⚲ 進行 "固定",這時還可以在出現 "記得要..." 欄位輸入提醒的內容,當再度返回 **收件匣** 時,可以看到已標示 "固定" 的電子郵件或提醒右側有 ⚲ 圖示。

(標示 "完成" 的電子郵件或提醒,也可以按 ⚲ 將其移回並顯示在 **收件匣** 中。)

透過搜尋找到需要的電子郵件

不想在 **收件匣** 或其他分類標籤中一筆筆找尋需要的電子郵件時,可以按 🔍,然後輸入關鍵字、寄件者名稱或電子郵件,就會於下方出現相關結果。

Google 日曆
輕鬆掌握生活中重要行程

Google 線上日曆不僅可以協助您記錄各項活動與計劃、設定提醒方式，還可以
藉由與行動裝置的同步，讓您隨時隨地掌握生活大小事。

利用日曆安排行程

TIPS **87**

常為了安排工作會議、朋友聚會、家人出遊行程...等事項而傷透腦筋?現在不用紙筆記錄,只要利用 Google 免費線上日曆,就能安排各項活動。

01 開啟 Chrome 瀏覽器連結至 Google 首頁 (https://www.google.com.tw),確認已登入 Google 帳號後,選按 Ⅲ **Google 應用程式** 中的 **日曆**。(若找不到可按 **更多**)

02 進入後,會出現如下的 Google 日曆。(如果第一次使用會出現歡迎畫面,可以透過按 **下一步** 鈕初步了解相關功能)

建立新活動

接下來學習如何建立活動，並輸入時間、名稱、地點及詳細的敘述，將活動記錄到日曆中！

01 於日曆畫面左側，在要建立活動的日期上按一下，然後按 **建立** 鈕，接下來輸入活動名稱，設定開始與結束日期、時間 (各結束時間右側會標示活動時間長度)。

02 輸入地點，按 **儲存** 鈕即完成活動的建立 (其中按 ← 鈕可以返回日曆)。您可以透過 **天**、**週**、**月**、**4 天** 四種檢視模式查看活動狀況。

TIPS **89**

建立生日、帳單、會議...週期性活動

生活中每個月的卡費、與親朋好友的生日聚餐,或參與的公司會議...等會
在固定時間發生的事情,可以透過日曆建立重複性活動以方便管理。

01 在建立活動的畫面中,輸入名稱與設定日期 (如果是一整天活動,可以核選 **全天**),核選 **重複顯示**,在 **提醒方式** 中設定顯示頻率、間隔、方式...後按 **完成** 鈕。

02 在 **全天** 右側會顯示相關資訊,確認週期性活動無誤後按 **儲存** 鈕即完成建立。

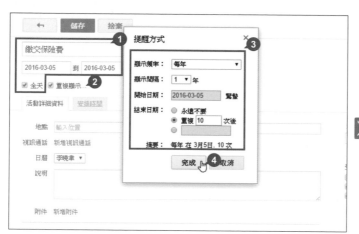

03 回到日曆中,切換到 **月** 檢視模式,以這個範例來說,每年的 3 月 5 日會顯示 "繳交保險費" 活動,執行共 10 次 (十年)。

編輯或刪除活動

TIPS **90**

若要修改活動的時間、地點，或是想要刪除活動，可以參考以下的操作進行調整。

01 在日曆的 **月** 檢視模式狀態下選按活動名稱，在開啟的對話方塊選按 **編輯活動**，於畫面中編修內容後，按 **儲存** 鈕即可 (如果選按 **捨棄變更** 鈕即取消修改)。

02 在日曆的 **月** 檢視模式狀態下，選按活動名稱，在開啟的對話方塊選按 **刪除** 即可移除活動。

小提示 週期性活動如何刪除？

如果刪除的是週期性活動，會出現如下對話方塊，可依照需求選按 **僅限此次活動**、 **此活動與系列的未來所有活動** 或 **系列的所有活動**。

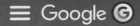

用顏色區別活動重要性

如果透過顏色來區別各種不同性質的活動，不但可以將事情依其重要性進行分類，還可以讓繁忙的工作或家庭活動在安排上更有條理。

01 在日曆的 **月** 檢視模式狀態下，選按活動名稱，在開啟的對話方塊選按活動名稱左側 ▼ 鈕，清單中選按活動顏色即可。

02 在建立或編輯活動時，也可以透過畫面中 **活動詳細資料** 標籤 \ **活動顏色**，進行顏色的選按。(**活動顏色** 預設為 ■ 無)

地點	涵碧樓	新增邀請對象
	地圖	輸入邀請對象的電子郵件地址
視訊通話	新增視訊通話	
日曆	李曉聿　▼	受邀對象可以
說明		☐ 修改活動資訊
		☑ 邀請其他人
		☑ 查看邀請對象名單
附件	新增附件	
活動顏色	■ ▌■ ■ ■ ■ ■ ■ ■ ☑ ■ ■	
通知	未設定通知	
	新增通知	

設定通知，重要事項不忘記

如果不想錯過或忘記公司會議、好友生日、紀念日...等許多活動，可以透過日曆的預先 **通知** 功能，掌握或調整各項行程，不致手忙腳亂。

01 在建立或編輯活動時，透過畫面中 **活動詳細資料** 標籤 \ **通知**，設定 **通知類型** 及 **提醒時間**。(如果按右側 ⊠ **移除通知** 鈕可取消設定)

02 如果覺得一個通知不夠，可以選按 **新增通知**，設定多組提醒時間，或搭配電子郵件或彈出式視窗的提醒方式達到提醒加乘效果。

03 完成設定後選按 **儲存** 鈕。以這個活動來說，晚上 6:00 公司尾牙，會在前一個小時 (晚上5:00)，出現第一次彈出式視窗提醒您活動內容，按 **確定** 鈕即可。

在活動開始的前三十分鐘 (晚上 5:30)，會出現第二次的彈出式視窗提醒您活動內容，一樣按 **確定** 鈕即可。

邀請親朋好友參加活動

TIPS 93

如果想通知親朋好友一同參與自己建立的活動,透過 **日曆** 進行邀請,讓大家可以參與您規劃的活動。

01 在建立或編輯活動的畫面中,設定名稱、時間與地點後,於右側 **新增邀請對象** 輸入對方電子郵件 (不限 Gmail),並核選對方可以執行的權限後,按 **新增** 鈕。

02 於下方會出現邀請人及被邀請對象的名字,如果要刪除對某人的邀請可按一下該名稱右側 ⊠ 圖示。確定邀請的人員後,按 **儲存** 鈕,再按 **傳送** 鈕寄送邀請。

回覆是否參加對方邀請的活動

在 **待辦事項** 或電子郵件中，可以看到對方邀請的活動相關訊息，透過回覆是否參加，以方便對方進行後續安排。

01 活動受邀對象會透過 Gmail 收到邀請的電子郵件，這時可以藉由選按 **是**、**不確定** 或 **否** 鈕來回覆是否要參加。

02 另外在日曆中選按 **待辦事項**，所有建立的活動都會整理於此，也可以看到親朋好友的邀請。選按活動名稱展開內容後，也可以在此回應是否參加此活動。

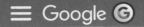

TIPS
95

和其他人共用日曆

除了可以利用日曆建立自己的行程,也可以和公司或家庭其他成員共用日曆,讓彼此都能掌握相關的活動資訊。

01 選按 **我的日曆** 左側 ▶ 可看到目前建立的日曆,選按要進行共用的日曆右側 ▼ 鈕 \ **共用此日曆**。

02 在 **與特定使用者共用檔案** 項目 **使用者** 欄位中輸入要共用的使用者電子郵件,**權限設定** 中可設定為變更並管理、單純變更或只有查看...等權限,選擇合適的然後按 **新增人士** 鈕。(如果不是 Gmail 的用戶,會跳出一個邀請體驗 Google 日曆的通知)

03 在 **使用者** 項目下方會看到剛剛建立的使用者電子郵件與相關權限,以相同的方法可再新增其他人士,最後按 **儲存** 鈕,即完成共用日曆的動作。

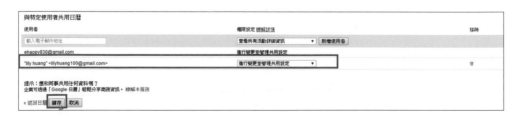

> **小提示** 建立共用專屬日曆
>
> 如果不希望將自己整份日曆內容進行共用,可以建立一份共用專屬的日曆。在日曆中選按 **我的日曆** 右側 ▼ 鈕 \ **建立新日曆**,輸入 **日曆名稱**、**說明** 及 **地點**...等詳細資訊,再如上於 **與特定使用者共用檔案** 進行設定,最後按 **建立日曆** 鈕。

設定日曆顏色與顯示狀態

除了自己的日曆外，可能還會與同事、家人、社團...等朋友共用日曆，為了區別差異性，可以透過顏色與顯示狀態的設定，方便進行檢視與區隔。

01 選按 **我的日曆** 左側的 ▶ 可看到目前建立的日曆，選按要設定的日曆右側 ▼ 鈕，清單中選按合適的色塊後，日曆名稱前面的色塊與活動項目的色塊底色都會一併變更。

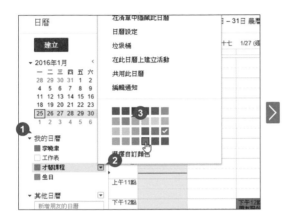
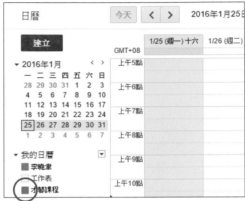

02 如果只想顯示某個日曆的活動內容，可以在不想顯示的日曆名稱前方按一下該色塊，呈 ☐ 狀。本例中隱藏 "才藝課程" 日曆的活動，只顯示 "李曉聿" 日曆的活動。如果想再次顯示 "才藝課程" 日曆的活動，只要再按前方色塊即可。

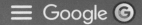

TIPS
97

訂閱台灣假日或其他有趣日曆

在 Google 日曆中可訂閱台灣假日的日曆,可預先了解連假日期,方便安排行程外,還可以訂閱其他趣味日曆,豐富日曆內容。

01 選按 **其他日曆** 右側 ⏷ 鈕 \ **瀏覽有趣的日曆**。

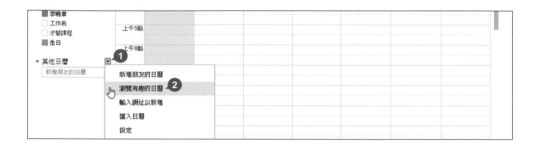

02 在 **有趣的日曆** 畫面中提供 **假日**、**運動** 及 **更多** 的趣味日曆,於 **假日** 標籤中找到 **台灣的節慶假日** 後,選按右側 **訂閱**,再選按 **返回日曆**。

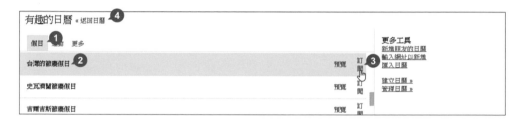

03 會發現 **其他日曆** 下方多了 **台灣的節慶假日**,並在日曆之中以相關色塊標示出節日資訊。

將 Facebook 活動、生日匯入日曆

Facebook 是目前最多人使用的社群網站,其中不管是參加的活動或是朋友生日,都可以整合並同步到 Google 日曆中進行檢視。

01 進入個人 Facebook **首頁**,於左側功能區選按 **活動**,再於右側 **本週活動** 下方的 **壽星** 上按一下滑鼠右鍵,選擇 **複製連結網址**。(若要匯出活動資訊在日曆中顯示則可以透過 **近期活動** 進行設定)

02 回到日曆畫面中選按 **其他日曆** 右側 ▼ 鈕 \ **輸入網址以新增**,於 **URL** 欄位內按一下滑鼠左鍵,再按 Ctrl + V 鍵貼上網址後,按 **新增日曆** 鈕。

03 會發現 **其他日曆** 下方多了 Facebook 壽星的日曆項目 (Friends's Birthdays)，並在日曆之中以相關顏色標示出資訊。

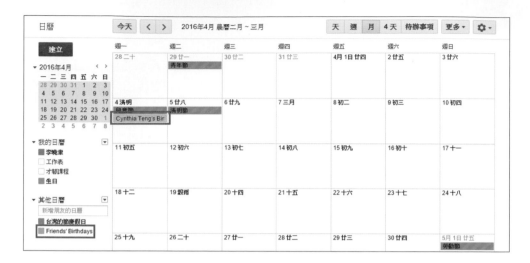

小提示 取消 Facebook 活動或生日的匯入

如果已經匯入的 Facebook 活動或生日資訊想要取消同步，可以選按 **其他日曆** 右側 ▼ 鈕 \ **設定**。

於 **日曆設定** 畫面的 **日曆** 項目中，在 Facebook 活動或朋友生日日曆右側選按 **取消訂閱**，再按 **取消訂閱** 鈕即可。

Google 日曆在行動裝置上的應用

TIPS 99

Google 日曆除了可以在電腦上進行操作，在手機或平板行動裝置上，只要搭配 **日曆** 應用程式的使用，就可以讓您隨時隨地掌握行程。

> 本 TIPS 是以 Android 系統示範，預設已經內建了 **日曆** 應用程式，如果您的設備中無此應用程式時，請自行至 **Google Play** 商店中搜尋並安裝。

同步行動裝置上的 Google 日曆

請先於行動裝置上選按 ☷ **Google 日曆** 圖示，開啟 **Google 日曆** 應用程式。

在行動裝置登入 Google 帳號後，會自動開啟同步設定，並進行資料同步的動作。如果發現 Google 日曆沒有同步到行動裝置時，可以進入 **設定** 畫面選按 **Google** 帳戶，然後選按登入的帳號，最後確認 **日曆** 是否核選同步處理功能即可。

登入行動版 Google 日曆

第一次開啟 Google 日曆應用程式時，會出現如下圖的介紹畫面，透過左右滑動可以瀏覽功能特色，最後按 **知道了** 即可進入 Google 日曆畫面。

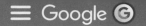

圖像式時間表

日曆提供了圖像式的 **時間表** 檢視模式，它會根據每個建立的活動自動產生相關的相片或地圖，讓使用者在瀏覽行事曆時，看到的不再是一堆冷冰冰的文字或數字，搭配著圖像，每個行程都變得更加直覺與人性化。(相關說明可參考 P.143)

在 **時間表** 檢視模式中，
左側標示日期與星期數，
右側則是當天的活動或提
醒，當按某個日期時，會
進入當天明細檢視模式。
(再按一次日期則會返回 **時
間表**)

時間表、天、**3天**、週、月檢視模式切換

行事曆的檢視模式，除了 **時間表**，另有 **天**、**3 天**、**週** 與 **月** 模式，只要按左上角 ☰，左側清單中就可以進行檢視模式的切換 (下圖以按 **3 天** 為例)，左、右滑動上方的日期列可瀏覽其他日期，而右上角 ㉙ 日曆圖示標示為今天日期，按一下可立即切換回今天日期。

展開當月月曆

在 **時間表、天、3天、週** 的檢視模式下，如果想要查看當月月曆，可以在上方按一下月份，即會由上往下展開當月月曆。月曆上的日期，下方有圓點部分表示當天 "有活動"，左右滑動月曆則可以切換月份，按一下日期數字，會切換到該日期。

建立新活動

01 於日曆主畫面右下角按 ➕，快捷選項中選按 **活動**。

02 於活動編輯畫面中輸入活動名稱，設定起迄時間後按右上角 **儲存**。回到日曆主畫面中，在活動日期畫面會發現活動的日期已標示色塊。

141

編輯已建立的活動

於日曆任一檢視模式中，選按之前建立好的活動，在開啟的畫面中選按 ✐，就能進入活動編輯畫面修改內容。

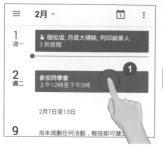  

建立生日、帳單、會議...等週期性活動

01 於活動編輯畫面中設定好時間後，選按 **更多選項** 及 **不重複**，接著選按 **自訂**。

02 在 **每週重複** 畫面中按一下 關閉，呈 開啟 狀，然後先設定重複週期，再按要重複的星期數字。接著按 **無限期**，設定期限後，按 **完成**，返回活動編輯畫面中再按 **儲存** 即建立好週期性活動。

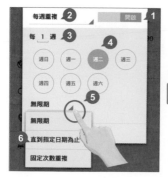  

刪除已建立的活動

於日曆 **時間表** 檢視模式中，在之前建立好的活動上方，由左至右滑開後再按 **確定** 鈕即刪除這項活動。

小提示 其他檢視模式下的刪除操作

如果在日曆的其他檢視模式下，選按之前建立好的活動，在開啟的畫面中選按右上角 **⋮** \ **刪除** 即可完成。

用對關鍵字，"活動" 自動加入相關插圖

在日曆的 **時間表** 檢視模式下，建立的活動透過一些 "關鍵字" 的輸入 (如下圖的：咖啡、瑜珈、烤肉...等)，會自動出現相關插圖，讓活動在 "圖像" 表現下，既不枯燥，更顯得活潑與直接性。

顯示活動地點圖片或地圖

建立的活動如果有店家或景點名稱時，可以在活動編輯畫面中選按 **新增位置**，輸入關鍵字或店名，利用 **附近地點** 清單進行選按後，除了會顯示詳細位置資訊外，還會出現餐廳、飯店的相關預覽圖，最後按 **儲存** 結束編輯。

如果 **新增位置** 時輸入的是地址，則會出現如右圖的地圖預覽圖。在日曆的 **時間表** 檢視模式下這些活動項目的背景即會以預覽圖或地圖呈現。

利用顏色區別活動重要性

在活動編輯畫面中，選按下方 **預設顏色**，在顏色清單中選按要套用的顏色後，該活動就會以套用的顏色進行呈現。(套用的顏色除了 **時間表** 外，其他檢視模式下均可看到。)

設定活動通知時間及方式

建立的活動預設於活動開始前三十分鐘會進行通知提醒，如果想要修改已建立的提醒，可以在活動編輯畫面中，於 🔔 右側選按時間，除了預設的通知時間外，還可以選按 **自訂** 調整通知的方式與時間，最後按 **完成** 即可。

如果擔心一個通知不夠，可以選按 **新增其他通知**，即可依需求增加多筆通知時間，讓您怎麼樣都不會忘記行程。

新增活動記事與附件

在活動編輯畫面中，除了可以透過預設欄位 (如：時間、地點、通知...等) 進行設定，如果有額外需要補充的文字則可以選按 **新增記事** 進行記錄。

另外也可以選按 **新增附件**，透過雲端硬碟直接在活動中新增文件、試算表或其他附件檔案。

設定個人提醒

日曆在行動裝置上的 **提醒** 功能，讓您可以記下生活或工作中 "一定要" 完成的事情。

於日曆任一檢視模式的右下角選按 ➕，快捷選項中按 ⬇ **提醒**，出現 "提醒我.." 欄位輸入提醒內容與設定日期後，按 **儲存**，新增的提醒會以藍色方塊呈現。

如果當天新增數個 **全天** 性質的提醒項目時，會如右圖整合成一個色塊，而且會顯示當天所有提醒內容與數量。

編輯或刪除已建立的提醒

於日曆任一檢視模式中，選按之前建立好的提醒，在開啟的畫面中選按 ✏，就能進入提醒編輯畫面執行修改；如果選按 ⋮ 即可執行刪除動作。

設定提醒時間與重複提醒

建立提醒的過程中，除了可以設定 **全天**，也可以按一下 開啟 ，呈 關閉 狀，就能指定提醒的時間；另外選按 **不重複**，則是可以設定週期性的提醒。

將提醒標示為完成

當處理完某個提醒時，可以在其項目上由左至右滑開標示為完成，該則提醒會出現一條刪除線。

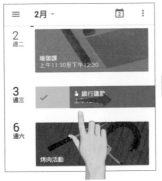 

如果當天有數筆提醒需要標示完成時，可以在其數筆提醒整合項目上一樣由左至右滑開，在出現的對話方塊中按 **確定** 鈕，所有當天標示完成的提醒會合併成一個色塊顯示。

當天未完成的提醒自動延後到明天

當天加入的提醒如果沒有標示完成，日曆會自動將未完成的提醒延後到明天，讓尚未完成的事情持續出現在當天的日曆中，直到標示完成，才會解除提醒狀態。

針對多組帳戶中的日曆進行同步及顯示

日曆支援多個 Google 帳戶的日曆同步與顯示 (可以透過行動裝置上的 **設定** 進行帳戶新增動作)，只要連上網路即可安排或查看工作、生活、社團、朋友...等不同類型的行程。

於日曆主畫面左上角選按 ≡，清單中會顯示已進行同步的帳戶，您可以在多組帳戶中選按需要顯示及同步在行動裝置上的日曆 (取消核選則為不顯示該項)，待返回日曆主畫面時，就可以看到該 Google 帳戶的相關日曆，並以專屬的顏色進行及時同步與標示。

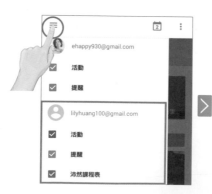

小提示 **Google 日曆與 Inbox 同步**

在 Google 日曆中新增的活動或提醒，不只出現在日曆，更會同步顯示在 Inbox 中，讓您不管在日曆或 Inbox 中，都可以隨時掌控，有效完成各項大小事。

Google 雲端硬碟
打造自己的行動辦公室

Google 雲端硬碟除了提供存放檔案的空間,也是實用的雲端辦公室,可以處理
檔案瀏覽、建立、管理、共用、掃描...等作業,還可將不同行動裝置間的資料進
行同步化。

使用 Google 雲端硬碟

TIPS 100

將檔案資料隨身帶著走！雲端應用的廣泛性，讓工作不再只是侷限在辦公室，任何有電腦、行動裝置的地方，就能透過網路完成工作。

Google 雲端硬碟可讓您在網路、硬碟、行動裝置上隨時隨地存取檔案，並同步多方的檔案資料。不僅如此，踏入高效率雲端工作平台的第一步，就是將檔案備份在雲端硬碟中，藉由雲端硬碟可以進行資料新增、瀏覽、編輯、共用與分享。

Google 雲端硬碟儲存空間共有 15 GB，並提供以下三項服務：

- **Google 雲端硬碟**：可存放各種檔案，單一檔案的大小上限為 1TB。
- **Gmail**：透過 Gmail 傳送及接收的附件與電子郵件會佔用儲存空間。
- **Google 相簿**：以 "高畫質" 儲存的相片檔不會佔用配額，以 "原始畫質" 儲存的相片檔會佔用配額。

01 於 Chrome 瀏覽器開啟 Google 首頁 (https://www.google.com.tw)，確認已登入 Google 帳號後，選按 **▦ Google 應用程式** 中的 **雲端硬碟**。(若找不到可按 **更多**)

第一次進入 Google 雲端硬碟時，若有詢問是否直接安裝 Google Drive 至您的電腦中，這時選按 **No thanks**，即可直接先進入主畫面。(後續 P.159 會有相關的詳細說明)

02 於 Google 雲端硬碟畫面左側的 **新增、我的雲端硬碟、與我共用、Google 相簿、近期存取、已加星號**，是雲端硬碟中包含的服務項目。

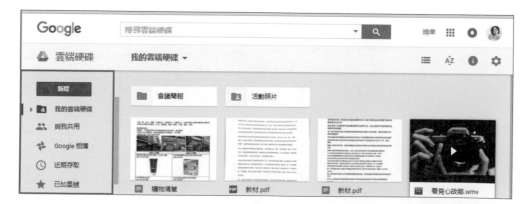

查看 Google 雲端空間的使用量

TIPS 101

目前 Google 雲端硬碟提供了 15 GB 的免費空間，當資料一直上傳存放的同時，是不是也擔心空間到底夠不夠，這時可以簡單的檢查一下。

01 Google 空間是 **雲端硬碟**、**Gmail** 與 **Google 相簿** 三個服務一起共用，將滑鼠指標停在 Google 雲端硬碟主畫面左下角 "已使用..." 訊息上，會說明目前哪個服務已使用了多少儲存空間。

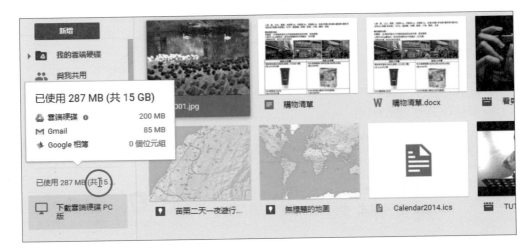

02 若想要進一步了解雲端硬碟的儲存空間使用狀況，以及其他需付費取得更多空間的方式，可以進入 「https://www.google.com/settings/storage」 網頁中查看。

找出佔用空間的大檔案

TIPS **102**

如果 Google 雲端硬碟空間不夠了，想要快速找出佔用空間的大檔案，可以透過 **配額使用量** 來幫忙。

將滑鼠指標停在 Google 雲端硬碟主畫面左下角 "已使用…" 訊息上，在空間使用說明訊息中按一下 **雲端硬碟** 右側的 ❶，可以於右側看到目前雲端硬碟總空間內各檔案的配額使用量，預設會由大檔案至小檔案排序整理。

Google 雲端硬碟瀏覽模式切換

TIPS **103**

Google 雲端硬碟中間的檔案資料區，預設是 **格狀檢視** 模式，另外還可切換為 **清單檢視** 模式。

01 **格狀檢視** 模式中，不論文件、試算表、影片、相片還是地圖檔案，都可由縮圖簡單了解檔案內容。而按上方的 **清單檢視** 鈕，可切換為條列式的清單項目。

02 **清單檢視** 模式中，可以更清楚看到每個檔案的相關資訊 (名稱、擁有者、修改日期檔案大小)。

在雲端硬碟上傳與下載檔案

TIPS **104**

將檔案上傳到 Google 雲端硬碟後,可以隨時隨地透過電腦與行動裝置瀏覽與存取檔案資料。

如果想要讓工作更有效率,還可以一次上傳整個資料夾,如此一來,既可保留資料夾結構及所有完整檔案,也更節省時間。

01 於 Google 雲端硬碟主畫面選按 **新增** 鈕 \ **檔案上傳** 或 **資料夾上傳**,即可上傳指定的資料;或直接拖曳電腦中的檔案或資料夾至 Google 雲端硬碟主畫面中。

02 如果要下載 Google 雲端硬碟中的資料,只要於該資料項目上按一下滑鼠右鍵,選按 **下載**,即可將雲端上的資料下載到電腦。

小提示 **可上傳的檔案類型**

上傳到 Google 雲端硬碟的檔案類型並沒有限制,文件、圖片、音訊、影片...等檔案格式都可以上傳與共用,但如果要直接在線上進行編輯,會要求轉換成 Google 文件、試算表、簡報格式檔,例如:*.txt、*.doc、*.docx 檔案可轉成 Google 文件格式,*.xls、*.xlsx、*.csv 檔案可以轉換成 Google 試算表格式,*.ppt、*.pptx 檔案可以轉換成 Google 簡報格式。

TIPS 105

開啟、瀏覽雲端硬碟中的檔案

Google 雲端硬碟能開啟大部分的檔案格式，包括影片、PDF、Microsoft Office 檔案，以及多種類型的圖檔，甚至是各軟體專屬的檔案格式（ai、psd...等），但僅能瀏覽而無法進行編輯。

01 於 Google 雲端硬碟主畫面，要開啟的檔案項目上連按二下滑鼠左鍵，即可開啟 Google 雲端硬碟檢視器進行瀏覽。

02 Google 雲端硬碟中的檔案，預設均會以 Google 雲端硬碟檢視器開啟瀏覽，如果想透過其他應用程式開啟，可於要開啟的檔案項目上按一下滑鼠右鍵，選按**選擇開啟工具**，再於清單中選按合適的應用程式進行開啟。

> **小提示** 若有無法開啟的檔案
>
> Google 雲端硬碟上如果有無法開啟的檔案時，會出現警告訊息與建議其他可開啟方式，這時可於建議使用的應用程式清單中選按任一個項目，以開啟檔案。

刪除、救回誤刪的雲端檔案

Google 雲端硬碟中刪除檔案的動作，並不是確實刪除，而是先保留在 **垃圾桶** 項目中，當清空垃圾桶時雲端硬碟才會永久刪除這些檔案。

01 若要刪除 Google 雲端硬碟中的檔案，可選按該檔案後，選按 <kbd>🗑</kbd> 鈕。

02 被刪除的檔案會存放於 **垃圾桶** 中，只要選按該項目，即可看到所有被刪除的資料。不小心刪錯想救回的檔案可選按該檔案後再按 **還原** 鈕即可。

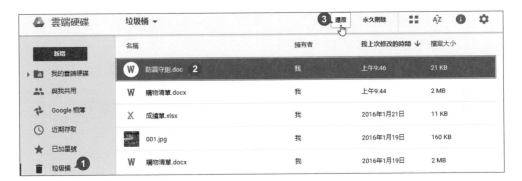

如果想要將 **垃圾桶** 項目內的檔案資料確實刪除，可選按該檔案後再按 **永久刪除** 鈕即可。

03 若按上方 **垃圾桶 \ 清空垃圾桶**，則可將 **垃圾桶** 項目內的檔案資料全部確實刪除，不再佔用雲端硬碟的空間。

用資料夾分類管理檔案

TIPS 107

一開始於 Google 雲端硬碟空間存放資料檔案，就要養成利用資料夾來分類管理的習慣，以免面對大量的資料檔案無從找起。

01 存放於 Google 雲端硬碟中的檔案可以透過 "資料夾" 進行分類管理，選按 **新增 \ 資料夾**，輸入合適的資料夾名稱再按 **建立** 鈕即可完成資料夾的建立。

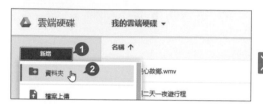

02 將原本隨意擺放在雲端硬碟中的檔案資料移至合適的資料夾：於要歸類的檔案上按一下滑鼠右鍵，選按 **移至**，選按合適的資料夾項目，再按 **移動** 鈕即可。

用星號標註重要的資料夾

TIPS 108

當資料陸續往雲端上傳，雲端上的資料檔案愈來愈多時，可將重要檔案加上星號，方便日後快速找到檔案。

於要加上星號標註的資料夾或檔案上按一下滑鼠右鍵，選按 **加上星號** ，這樣一來只要選按左側 **已加星號** 項目即可看到剛才標註星號的資料。

用顏色區隔重要的資料夾

TIPS 109

雲端硬碟中雖然可以為重要的檔案加上 "星號" 標示，但星號加多了還是很亂，這時就建議用資料夾套色的方式，來突顯或區隔資料夾的內容。

於要套用顏色的資料夾上按一下滑鼠右鍵，選按 **變更顏色**，再依這個資料夾的內容選按一個合適的色彩進行套用。

為檔案或資料夾更名

TIPS 110

存放於 Google 雲端硬碟的檔案資料或資料夾，也可以直接在雲端進行更名。

若要為 Google 雲端硬碟中的檔案更名，可於該檔案上按一下滑鼠右鍵，選按 **重新命名**，輸入新的名稱再按 **確定** 鈕即可。

上傳的文件檔自動轉換為 Google 文件格式

TIPS 111

上傳到 Google 雲端硬碟的 Office 檔案若能在上傳的過程中自動轉換為 Google 文件格式檔,那在進入編輯時即可省下轉檔的動作。

上傳到 Google 雲端硬碟的 Office 檔案,預設僅能進行瀏覽,若要開啟編輯必須透過 **Google 文件**、**試算表** 或 **簡報** 應用程式轉換成 Google 文件格式的檔案才能編輯,但仍會保留原來的 Office 格式檔案。

若覺得這樣很麻煩又怕會搞錯,可以設定上傳的 Office 檔案文件均自動轉為 Google 文件格式 (不保留 Office 格式檔案),選按 Google 雲端硬碟主畫面右上角 ⚙ \ **設定**,核選 **將已上傳的檔案轉換成 Google 文件編輯器格式**,再按 **完成** 鈕即可。(如果不需要自動轉換時記得取消核選此項目)

Google 的 OCR 中文辨識

TIPS 112

若是有需要將掃描資料中的文字辨識出來,在 Google 雲端硬碟網頁中,可以針對已經掃描完成的照片或 PDF 檔內容進行辨識。

只要在圖片 (.jpg、.gif、.png) 和 PDF 檔案 (.pdf) 上按一下滑鼠右鍵,選按 **選擇開啟工具 \ Google 文件**,就會開啟 Google 文件並將內容辨識轉成文字,雖然還沒辦法達到完美的辨識效果,但中文字準確度已有九成算是有不錯的表現。

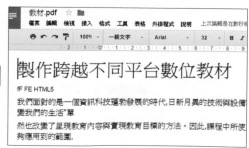

(若需要掃描文件資料可參考 P.175 的行動裝置掃描文件說明)

在電腦上安裝 Google 雲端硬碟程式

為電腦安裝 Google 雲端硬碟程式,即可不必透過瀏覽器,直接以檔案總管方式上傳、下載管理雲端檔案資料,並會自動與雲端上的資料同步。

01 於 Chrome 瀏覽器,Google 雲端硬碟主畫面右上角,選按 ⚙ \ **下載雲端硬碟**。

02 出現選擇畫面,可依目前使用的電腦是 PC 或 MAC 進行選按,在此以 PC 電腦為例所以選按 **Download for PC** 鈕,再按 **接受並安裝** 鈕即開始軟體的下載。

03 下載完成後於瀏覽器畫面下方會看到已完成下載的檔案,按清單鈕 \ **開啟**,即開始安裝,待安裝完成後會出現要求重新啟動電腦的訊息,請按 **關閉** 鈕並重新啟動電腦。(如果沒出現此訊息也請重新啟動電腦)

04 重新啟動電腦後，會出現 Google 登入畫面，這時需輸入自己的 Google 帳戶密碼，再按 **登入** 鈕登入。

05 接著有多頁的相關說明，瀏覽後一一按 **下一步** 鈕。

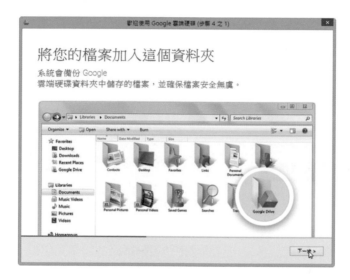

06 最後按 **完成** 鈕完成設定，這樣一來即可開始使用 PC 版的 Google 雲端硬碟。

將雲端硬碟的資料同步到電腦中

不論在幾台電腦中安裝了同一 Google 帳戶的 Google 雲端硬碟程式，都會與該帳戶的 Google 雲端硬碟資料同步，但建議只在個人專屬的電腦上進行安裝，其他設備上則使用上網的方式取得，這樣較能有效保護雲端資料。

安裝並登入了 Google 雲端硬碟程式，電腦中會看到 <Google 雲端硬碟> 資料夾，資料夾中會自動下載已儲存於 Google 雲端硬碟內的資料，若在電腦的這個資料夾中增刪、管理資料，也會同步到 Google 雲端硬碟中。(在此以 PC 電腦為例說明)

01 Google 雲端硬碟程式會在電腦的個人使用者資料夾中建立一個 <Google 雲端硬碟> 資料夾 (預設路徑為 <C:\Users\使者名稱\Google 雲端硬碟>)，桌面會產生該資料夾的捷徑圖示，並且桌面右下角會出現 圖示。

02 在 <Google 雲端硬碟> 資料夾中新增資料夾、命名、增刪資料或加入其他檔案文件後，回到瀏覽器，進入 Google 雲端硬碟會看到完全相同的內容。

同樣的，在瀏覽器的 Google 雲端硬碟中增刪資料也會同步到電腦的 <Google 雲端硬碟> 資料夾。

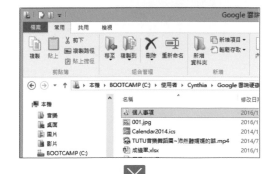

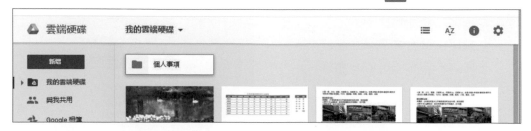

雲端硬碟的資料無法同步到電腦

TIPS 115

若發現電腦 <Google 雲端硬碟> 資料夾中的資料與 Google 雲端硬碟內的資料並不一致時，可以先檢查一下網路是否已連線或登入的帳戶是否正確。

01 由於 Google 雲端硬碟同步資料到電腦，一定要在有上網的環境下才能執行，所以可以先檢查一下目前電腦是否已連上網路。

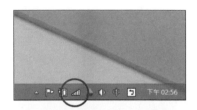

02 檢查 Google 雲端硬碟程式是否已開啟，雖然安裝時預設是開機後就會自動開啟，若桌面角落沒有出現 🔼 圖示請手動開啟 **Google Drive** 程式。(PC 電腦這個圖示會位於右下，MAC 電腦這個圖示會位於右上)

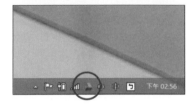

03 接著可再檢查目前電腦的 Google 雲端硬碟登入帳戶是否正確，若登入的帳戶與網路上的 Google 雲端硬碟並不是同一個帳戶，看到的資料當然也就不同了。

選按桌面右下角的 🔼 圖示，在選單上可以看到目前登入的帳戶，也可看到同步的進度與事項。(若登入的帳戶不正確，可參考下個 TIP 更換登入的帳戶。)

在選單上若選按 **開啟 Google 雲端硬碟資料夾** 或 **造訪 Google 雲端硬碟線上版** 可開啟資料夾或瀏覽器來瀏覽 Google 雲端硬碟的內容。

切換電腦上雲端硬碟的帳戶

在 Mac/PC 電腦中每次只能透過一個 Google 帳戶使用 Google 雲端硬碟,若想要透過不同的帳戶使用 Google 雲端硬碟時,必須先解除目前登入帳戶,然後重新登入另一個帳戶。

01 選按桌面 ▨ 圖示 (PC 電腦這個圖示會位於畫面右下,MAC 電腦這個圖示會位於畫面右上),開啟 Google 雲端硬碟程式的選單,選按右上角的 **設定 \ 偏好設定**。

02 於對話方塊的 **帳戶** 標籤選按 **解除帳戶連結** 鈕,再於提示訊息中選按 **中斷連線** 鈕與 **確定** 鈕。這樣即可解除目前這個帳戶與 Google 雲端硬碟的連結及資料同步,然而之前已同步的檔案仍會留存在電腦上的 Google 雲端硬碟資料夾中,且 Google 雲端硬碟應用程式也會保持安裝狀態。

03 完成帳戶解除後若要再登入其他帳戶,建議可以先刪除或重新命名原來電腦中的 <Google 雲端硬碟> 資料夾 (預設路徑為 <C:\Users\使者名稱\Google 雲端硬碟>),然後再進行登入,不然後續登入的資料會與原資料內容合併。

接著選按桌面 ▨ 圖示,選按 **登入**,再選按此次要登入的帳戶,一一按 **下一步** 鈕,完成登入動作,這樣一來即可登入另一個指定帳戶的 Google 雲端硬碟。

離線使用雲端硬碟內的資料

TIPS 117

即使是離線狀態，還是能瀏覽與編輯 Google 雲端硬碟內的資料，方便在沒有網路的環境下能照常工作。

離線瀏覽並編輯 Google 文件格式的檔案

離線使用功能，可讓您在沒有網路的環境下仍可整理資料夾、檢視檔案，以及編輯 Google 文件、試算表、簡報和繪圖檔...等，待再次上線時會自動同步離線時的編輯內容。使用時要特別注意以下幾點事項：

- 需使用 Chrome 瀏覽器進行設定，其他瀏覽器並不支援離線存取功能。
- 每個 Chrome 設定檔限定只能為一個帳戶設定離線功能。

01 在網路連線的狀態下，於想要進行離線存取功能的桌上型電腦或筆記型電腦上啟用 Google 雲端硬碟離線存取功能。選按 Google 雲端硬碟主畫面右上角 ⚙ \ **設定**，核選 **將 Google 文件、試算表、簡報和繪圖檔案同步到...**，再按 **完成** 鈕。

除非是自己的個人電腦，否則不建議啟用離線存取功能，如果在公用或共用電腦上啟用離線存取功能，其他人也可以看到與編輯您同步到該電腦上的檔案資料。

設定完成後，稍待片刻讓 Google 將雲端硬碟中的資料檔案同步到電腦中，便可以離線檢視和編輯所有的 Google 文件、試算表、簡報檔。

02 進入離線模式後，會發現 Chrome 瀏覽器上設定的離線瀏覽功能並非適用於所有檔案格式，主要是支援 Google 文件、試算表與簡報檔案，可進行這些格式檔案的新增與瀏覽、編輯的操作。(如右圖灰色為離線時無法使用的功能或無法開啟的檔案)

若是在 Google 文件、試算表與簡報檔案連按二下即可開啟離線編輯模式，編輯後會自動將更改的內容儲存起來，待再次連線時會自動更新內容。

 03 要停用離線設定，必須先連上網路，並確定登入該帳戶雲端硬碟後，選按 Google 雲端硬碟主畫面右上角 ⚙ \ **設定**，取消核選 **將 Google 文件、試算表、簡報和繪圖檔案同步到...**，再按 **完成** 鈕即可。

離線瀏覽並編輯非 Google 文件格式的檔案

離線時若想瀏覽並編輯非 Google 文件格式的檔案，只要進入之前安裝 Google 雲端硬碟程式在本機所建立的 <Google 雲端硬碟> 資料夾，在仍上線時先讓此資料夾內的檔案與雲端硬碟內的檔案同步，離線時就可繼續使用，待再次上線時就會自動同步最後編輯的資料。

TIPS 118

分享與共用雲端硬碟上的資料

雲端硬碟上的檔案資料預設為私人項目,只有使用者可以看到與編輯,但也可以設定透過網路與朋友分享。

與特定的朋友分享檔案或資料夾

共用檔案或資料夾後,共用對象就能檢視或編輯共用的資料,不僅方便朋友間資料的分享,也可提昇工作效率。如果常有文件資料需要共用往來,直接與朋友共用雲端硬碟的資料夾會更方便,只要分享了該資料夾,後續再新增的檔案也會持續的分享給朋友。

01 於想要進行共用的檔案或資料夾上按一下滑鼠右鍵,選按 **共用**。

02 首先輸入朋友的電子郵件,再選擇要授予使用者的存取權限 (**可以編輯**:使用者可以編輯檔案或資料夾也可與其他人共用,**可以檢視**:使用者可以檢視檔案或資料夾但無法編輯或加上註解。),接著輸入備註文字再按 **傳送** 鈕即可。

03 被指定共用的朋友會收到一封邀請郵件，可直接於郵件中按下相關的開啟按鈕，即可開啟共用的檔案文件或資料夾。

04 若朋友也是使用 Google 帳號，可請朋友開啟 Google 雲端硬碟，選按左側 **與我共用** 項目，即可看到目前所有參與的共用資料檔案或資料夾。

05 於 **與我共用** 項目，選擇想要進行使用的檔案，再選按右上角的 ⓘ 鈕，會開啟右側的詳細資料窗格，在此可看出共用資料檔案或資料夾的權限，如果直接於共用資料檔案或資料夾上連按二下即可開啟進入。

分享連結給朋友

如果要與他人共用檔案或資料夾但不清楚對方的電子郵件時，可以傳送連結給共用對象，只要透過連結即可檢視或編輯共用的資料內容。

01 於想要進行共用的檔案或資料夾上按一下滑鼠右鍵，選按 **共用**，再按 **進階** 進入 **共用設定** 畫面。接著按 **變更** 鈕設定使用者的存取權限為 **開啟-知道連結的使用者**，再按 **儲存** 鈕。

02 回到 **共用設定** 畫面，選取、複製 **共用連結** 的網址，再按 **完成** 鈕即取得可以與朋友分享該檔案或資料夾的網址。

03 將該段網址透過訊息傳遞給朋友時，朋友只要進入該網頁即可看到您分享的檔案內容，另外還可依權限進行瀏覽、編輯、下載、列印...等動作。

TIPS 119

追蹤雲端硬碟中檔案和資料夾的活動

記得上一次編輯或調整哪些檔案資料嗎？當檔案與多人共同作業時，如何檢視其他使用者在何時更動了什麼內容？Google 雲端硬碟中，可以針對建立或上傳到雲端硬碟的內容，進行整體或個別檔案的動態追蹤。

01 於 Google 雲端硬碟主畫面選按右上角的 ⓘ 鈕，會開啟右側的詳細資料窗格，裏面分為 **詳細資料** 與 **活動** 二個標籤。(若再按一下 ⓘ 鈕，會關閉該窗格。)

02 **活動** 標籤可顯示整個雲端硬碟、資料夾或檔案的修改、新增、移除...等詳細的活動記錄。當選取了任一資料夾或檔案，在右側 **活動** 標籤就可以看到該資料的活動記錄。如果是在雲端硬碟的根目錄，那就是顯示雲端硬碟內所有資料的活動記錄，不論存放在哪個資料夾內都可以看得到。

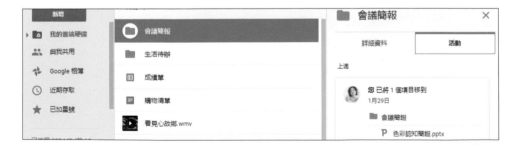

03 右側的詳細資料窗格中，在每個記錄項目的檔名上按一下，即可開啟、顯示該檔案，如果按一下檔名右側的 🔍 鈕則會開啟檔案所在的資料夾。

TIPS 120

搜尋雲端硬碟檔案資料的技巧

當雲端硬碟中的檔案資料繁多時，**搜尋** 就是一個很好用的工具，只要透過搜尋欄即可進行搜尋。

搜尋檔案名稱與內文

於 Google 雲端硬碟主畫面頂端的搜尋欄內直接輸入關鍵字，並按 Enter 鍵或搜尋欄位右側的 🔍 鈕，即可依關鍵字快速找到相關的檔案、資料夾或檔案內文中有這個關鍵字的文件、簡報、PDF...等。

只搜尋檔案名稱

按一下 Google 雲端硬碟主畫面頂端的搜尋欄右側 ▼ 清單鈕，於 **項目名稱** 欄中輸入檔案名稱關鍵字，再按 **搜尋** 鈕，即可依指定關鍵字找到檔案或資料夾。

搜尋簡報、相片和圖片、影片...等指定的檔案類型

按一下 Google 雲端硬碟主畫面頂端的搜尋欄右側 ▼ 清單鈕，於 **類型** 中指定要搜尋的檔案類型，再按 **搜尋** 鈕，這樣即可依指定檔案類型搜尋。

搜尋圖片中的文字內容

除了可搜尋文件、簡報檔中的文字內容，圖片中的文字內容也可透過搜尋找到，但依小編測試還是以英文字成功率較高，而又以文字工整且字體夠大較容易判斷。

按一下 Google 雲端硬碟主畫面頂端的搜尋欄右側 ▼ 清單鈕，於 **類型** 中指定為 **相片和圖片**，**包含字詞** 欄中輸入關鍵字，再按 **搜尋** 鈕，即可依指定關鍵字找出圖片。

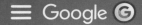

搜尋朋友分享給你的檔案資料

按一下 Google 雲端硬碟主畫面頂端的搜尋欄右側 ▾ 清單鈕，於 **擁有者** 中指定為 **非我擁有的項目**，再按 **搜尋** 鈕，這樣即可搜尋出朋友與您共用的檔案資料。

搜尋你分享給特定朋友的檔案資料

按一下 Google 雲端硬碟主畫面頂端的搜尋欄右側 ▾ 清單鈕，於 **共用對象** 欄位中輸入朋友的電子郵件帳號，再按 **搜尋** 鈕，這樣即可找到您與該名朋友共用的資料。

TIPS
121

Google 雲端硬碟在行動裝置上的應用

Google 雲端碟碟搭配行動裝置,可讓您擁有自己的行動辦公室,不論是用電腦或行動裝置作業,資料隨時都同步,完全掌控所有資料文件。

> 本 TIPS 是以 Android 系統示範,預設已經安裝了 **Chrome**、**Google 雲端硬碟** 二個應用程式 (需檢查是否更新至最新版本),如果設備中無該應用程式時,請至 **Google Play** 商店搜尋並安裝。

檢查 Google 雲端硬碟的同步化設定

部分行動裝置預設並沒有開啟 Google 雲端硬碟同步的設定,如果直接使用 Google 雲端硬碟應用程式時,會有資料不一致的問題,使用前需先檢查設定。(若是 iPhone 手機可略過以下的操作)

01 首先於 **設定** 畫面選按 **同步**,若您的行動裝置較無網路傳輸費用的顧慮時,建議可開啟 **開啟自動同步** 項目,接著選按 **帳號**。

02 帳號清單中選按 **Google**,接著選按您的 Google 帳戶,進入該帳戶的設定畫面中確認 **雲端硬碟** 項目是否有核選。

如果希望立即同步資料,可按行動裝置上 ▤ 鍵開啟選單,選按 **現在進行同步處理**。

開啟與使用 Google 雲端硬碟行動版

請先於行動裝置上選按 ▲ 圖示,開啟 **雲端硬碟** 應用程式。

01 首次使用 Google 雲端硬碟時會需要一些時間等待資料同步,進入主畫面後,以此台行動裝置來說,選按左上角的 ≡ 可以再次確認目前登入的 Google 帳戶。

02 按畫面右下角的 ➕ 鈕,**新增** 清單中可選擇要在 Google 雲端硬碟中建立 **資料夾**、**文件**、**試算表** 或 **簡報**。

03 按畫面右下角的 ➕ 鈕,**新增** 清單中若按 **上傳** 鈕,可選擇要透過哪個應用程式上傳相關資料到 Google 雲端硬碟中。(行動裝置中有安裝的應用程式才會出現在此,因此每台行動裝置出現的應用程式清單不盡相同。)

將文件掃描成 PDF 檔案

行動裝置上透過 △ **雲端硬碟** 應用程式也可以為文件進行單頁、多頁掃描,並會自動將掃描後的內容整理成 PDF 格式檔案,是一個十分方便的工具。

01 按畫面右下角的 ➕ 鈕,**新增** 清單中按 **掃描** 鈕,行動裝置後方的鏡頭對準要掃描的文件,按下方的 **拍照** 鈕,這時會自動裁切與優化文件。

02 若裁切出來的範圍不合適時,可按上方的 ⬚ 鈕進入手動設定裁切控點的位置,重新指定好裁切控點的位置後按右下角的 ✓ 鈕套用裁切即可。

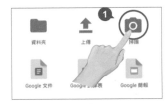

03 若要轉換掃描後的文件色彩,可按上方的 🎨 鈕,選按合適的文件色彩後按右下角的 ✓ 鈕套用色彩即可。

04 想要再掃描其他頁面時，按左下角的 ➕ 鈕繼續掃描，待所有文件均掃描完畢，按右下角的 ☑ 鈕則自動將所有掃描的文件轉成一個 PDF 檔並存放於雲端硬碟中。

快速找尋雲端硬碟上的各類別文件

要在 Google 雲端硬碟中搜尋特定檔案，可先按 🔍 鈕，再選按要找尋文件、試算表、簡報或 PDF 等資料類別，再於頂端的搜尋框中輸入要查詢的關鍵字或直接按下方文件縮圖即可開啟文件。

Google 文書處理
文件、簡報、試算表、表單與 Keep

不論是居家或工作，常會需要製作開會紀錄、收支清單以及各式簡報、表單問卷
及隨手以 Keep 記事，這些都能透過雲端工具編輯、共享與同步。

進入與新增 Google 文件

TIPS 122

平日生活與工作少不了文書編輯,最常見的就是使用微軟 Office 軟體,然而現在有其他更方便的選擇了。

Google 的 **文件**、**簡報** 與 **試算表** 應用程式,不但擁有免費、線上編輯、不佔用電腦空間、電腦與行動裝置同步的優勢,還可以將線上的文件直接以電子郵件傳遞給工作夥伴,大大滿足使用者應用上的需求。

01 開啟 Chrome 瀏覽器連結至 Google 首頁 (https://www.google.com.tw),確認已登入 Google 帳號後,選按 **Google 應用程式** 中的 **Google 文件**。(若找不到可按 **更多**)

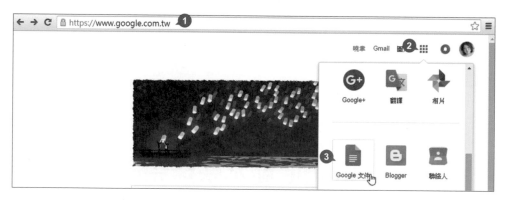

02 會開啟 **Google 文件** 主畫面,選按畫面右下角的 ⊕ **建立新文件** 這樣就可以在新增的文件上開始進行編輯。

命名 Google 文件

Google 文件相似於 Office 中的 Word 文件軟體，舉凡開會紀錄、信件、活動通知、筆記...等各式文件，都可以輕鬆處理。

01 建立新文件後，新文件的預設命名為 "無標題文件"，按一下頂端的標題，輸入合適的文件名稱後按 Enter 鍵。

02 完成文件的重新命名後，連上方的瀏覽器標籤名稱都會隨著文件名稱變更。

應用 Google 範本快速完成各式文件

藉由範本可以快速建立新文件，並依照原有的資料內容與樣式進行修改，不但可加快完成的速度，更能達到美觀且專業的表現。

01 選按 **檔案** 索引標籤 \ **新文件** \ **使用範本**，進入範本庫。

02 於左側先選擇類型，再於合適的範本選按 **使用此範本**。

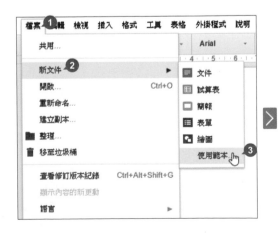

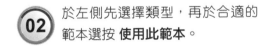

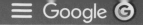

在 Google 文件輸入與編輯內容

TIPS 125

一份文件的產生,文字是最基礎的建構元素,文書處理中經常使用的調整字型、大小、色彩、間距、編號清單...等功能,Google 文件都做得到。

01 Google 文件編輯畫面上方是常用的功能標籤與按鈕,中間則是文件編輯區,輸入文字前請先將本機電腦的輸入法切換為習慣使用的狀態。

02 從文件編輯區輸入線的位置開始輸入文字內容:

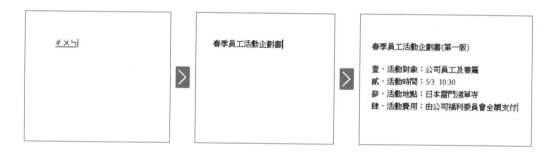

03 文字輸入後,同 Word 文件編輯的概念,可以選取要調整的文字或段落,設定其文字大小、色彩、段落縮排、行距、套用編號...等,進行版面美化。

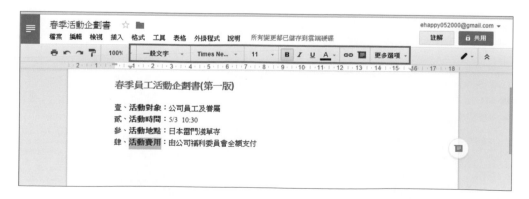

在 Google 文件加入圖片

運用 Google 文件中的圖片相關編輯功能，可設定圖片尺寸縮放、剪裁、文繞圖，並移至文件中合適的位置擺放。

01 選按 **插入** 索引標籤 \ **圖片**。

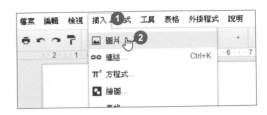

02 如果要插入本機電腦中的圖片，先選按 **上傳** 項目。接著於檔案總管視窗中找到要插入的圖片，直接拖曳到 Google 文件的 **插入圖片** 畫面中間放開，即可將圖片插入文件。(插入的圖片適用 gif (非動畫)、jpg、png 檔案格式)

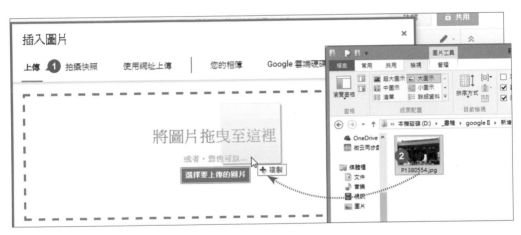

03 選取圖片後選按下方的 **文字環繞** 或 **分隔文字**，即可產生圖片文繞圖的效果。

04 在圖片上按滑鼠左鍵不放拖曳，就可將圖片移至文件中合適的位置擺放。

05 將滑鼠指標移至圖片四個角落的藍色控點上，待呈 ↘ 狀，拖曳調整，即可正比例縮放圖片大小。

Google 文件在製作的過程中會自動將所有編輯動作與變更儲存，因此完成編輯後可直接關閉該網頁分頁。

小提示 其他插入圖片的方式

於選按 **插入** 索引標籤 \ **圖片** 開啟的畫面中，上方可看到所有插入圖片的方式，除了預設的 **上傳**，還有 **拍攝快照**、**使用網址上傳**、**您的相簿**、**Google 雲端硬碟**、**搜尋** 項目。

拍攝快照：是透過電腦安裝的網路攝影機 (WebCam) 擷取影像後上傳。

使用網址上傳：只要複製網址貼上就可以插入網路上的圖片，但使用時請特別留意圖片的使用版權。

Google 的商業用途免費圖庫

製作文件與簡報常需要圖片的輔助，如果手邊沒有合適的圖，又擔心網路上的圖片版權問題，這時可使用 Google 提供的免費圖庫功能。

01 選按 **插入** 索引標籤 \ **圖片**。

02 選按 **搜尋** 項目，在搜尋框裡輸入想要使用的圖片關鍵字，再按 🔍 鈕。於搜尋結果中再選擇要搜尋的圖片類型，例如：臉部特寫、相片、插圖或線條繪製，也可從顏色框挑選出特定色系的圖片。

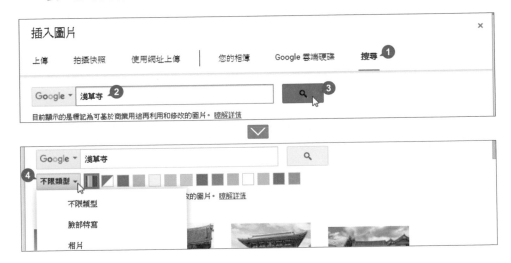

03 選按合適的圖片，再按下方 **選取** 鈕，即可將圖片插入 Google 文件或簡報。

TIPS 128 建立 Google 簡報並套用主題樣式

Google 簡報相似於 Office 中的 PowerPoint 簡報軟體，提供多種範本可快速套用，不僅操作簡單容易上手，更能讓簡報增色不少。

01 於主畫面選按 ☰ 鈕 \ **簡報**，會開啟 **Google 簡報** 主畫面。

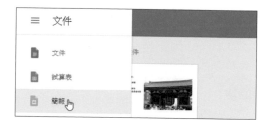

02 選按畫面右下角的 ⊕ **建立新簡報**，接著可於右側選按合適的主題樣式，套用該主題，讓簡報快速完成基本的版面設計。(再次選按其他主題樣式即可變更主題)

03 進入 Google 簡報編輯畫面，可以看到第一張投影片已套用剛才指定的主題樣式，按 ⊞ **新投影片** 右側清單鈕，可選擇新增合適版面配置的投影片。

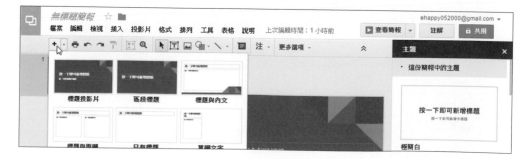

在 Google 簡報匯入 PowerPoint 投影片

Google 簡報的編輯動作與 PowerPoint 雖然十分相似，但不支援 PowerPoint 中常用到的 SmartArt 圖形設計。

利用匯入的方式將已設計好 SmartArt 的 PowerPoint 簡報匯入到 Google 簡報中，就可解決這個問題。

01 選按 **插入** 索引標籤 \ **匯入投影片**。

02 如果要插入的是本機電腦中的簡報作品，先切換至 **上傳** 項目。於檔案總管視窗中找到要插入的簡報檔，直接拖曳到 **Google 簡報** 的 **匯入投影片** 畫面中放開。

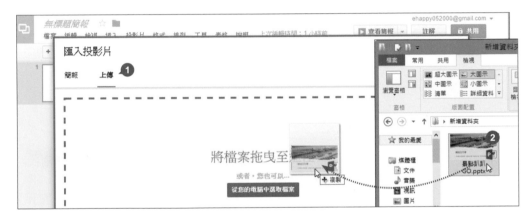

03 選按要匯入的投影片 (可多選)，並決定匯入的投影片是否要保留原始主題樣式 (核選 **保留原始主題** 即為保留)，最後按 **匯入投影片** 鈕即可。

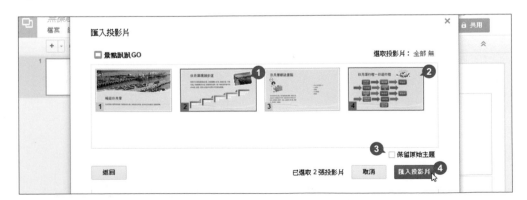

在 Google 簡報設定動畫與轉場效果

TIPS 130

靜態的簡報在敘述時會令人覺得平淡無趣,適當的套用動畫與轉場效果,讓文字與圖片...等內容動起來,就能吸引眾人的目光。

01 選按 **檢視** 索引標籤 \ **動畫**。

02 於右側開啟 **動畫** 窗格,先選取要套用動畫的文字框或圖片...等物件,再選按 **新增動畫**。

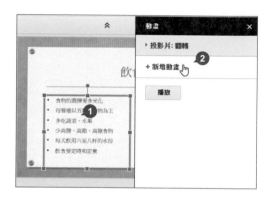

03 先設定喜愛的動畫特效,不同的動畫會有不同的選項,再依需求指定相關動畫效果。(按 **播放** 鈕可以預覽套用的效果,按 **停止** 鈕即可停止預覽。)

04 按 **投影片:(目前的效果名稱)**,可為投影片指定切換效果,如果要套用到整份簡報可以按 **套用到所有投影片** 鈕。

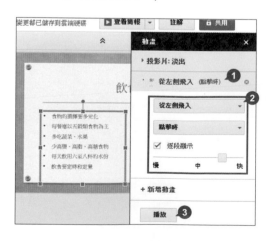

播放 Google 簡報

一份成功的簡報必須精準掌握上台報告的時間,與閱聽者的互動效果,正式上台前的模擬是必要的流程。

01 切換至第一張投影片,按 **查看簡報** 鈕,即可將投影片以全螢幕模式放映。

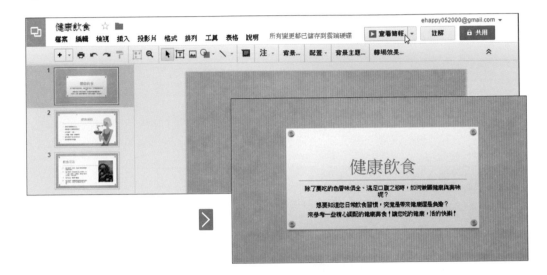

02 放映簡報的過程中,按 Space 鍵可以播放下一個動畫,按 Esc 鍵可以回到編輯模式。

03 若想查看更多的放映方式,可按 **查看簡報** 右側清單鈕,於清單中選擇其他方式放映。

Google 簡報在製作的過程中會自動幫您將所有編輯動作與變更儲存,因此完成編輯後可直接關閉該網頁分頁。

TIPS 132

建立與命名 Google 試算表

Google 試算表相似於 Office 中的 Excel 試算表軟體，可以整理日常生活的收支紀錄、公司的進銷貨單、人事薪資表...等。

01 於主畫面選按 ▤ 鈕 \ **試算表**，會開啟 **Google 試算表** 主畫面。

02 選按畫面右下角的 ⊕ **建立新試算表**，新試算表預設命名為 "無標題的試算表"，按一下頂端的標題，輸入合適的名稱後按 `Enter` 鍵。

TIPS 133

在 Google 試算表輸入與格式編輯

Google 試算表的編輯動作與 Google 文件十分相似，原理概念與 Excel 一樣，要先輸入文字與數值才能開始運算。

01 Google 試算表畫面上方是常用的功能標籤與按鈕，下方則是儲存格編輯區，輸入文字前先將本機電腦的輸入法切換為習慣使用的狀態，即可於儲存格中輸入文字與數值。

製作試算表表頭常見的跨欄置中效果,可先拖曳選取要跨欄置中的儲存格,再選按 合併儲存格 右側清單鈕 \ **水平合併**。

接著選按 **對齊** 鈕 \ **置中**,即可呈現出跨欄置中效果。

試算表中的數值與文字要善用格式條理化,可提高易讀性也能方便讀者快速了解數字背後要表達的內容。為資料套用格式前,需先選取要套用格式的儲存格,再透過上方的格式鈕設定即可。

TIPS 134

在 Google 試算表建立公式與函數

適時的用公式與函數可加速試算表的運算流程並提高正確率，公式主要用於加、減、乘、除，而函數則可進行更多元化的運算。

與 Excel 中的用法相似，在此以最常用到的 SUM (求總值)、AVERAGE (求平均值)，這二個函數為例說明：

01 選取 E4 儲存格，選按 **Σ 函式** 鈕 \ **SUM**，接著拖曳選取 B4 至 D4 儲存格，再按 Enter 鍵即完成 SUM 函數建立。

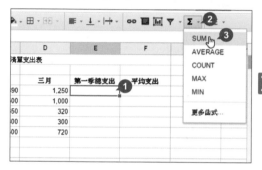

02 選取完成 SUM 函數的 E4 儲存格，在右下角的 **填滿控點** 上按住滑鼠左鍵往下拖曳至最後一個項目再放開，即可快速完成這些項目的第一季總支出運算。

B	C	D	E	F
		雜項清單支出表		
一月	二月	三月	第一季總支出	平均支出
1,000	890	1,250	3,140	
750	500	1,000	2,250	
280	350	320	950	
570	800	300	1,670	
1,200	500	720	2,420	

03 同樣的，於 F4 儲存格建立 AVERAGE 函數，其運算範圍同樣是拖曳 B4 至 D4 儲存格，再以 **填滿控點** 快速完成其他項目的平均支出運算。

fx	=AVERAGE(B4:D4)						
	A	B	C	D	E	F	G	H
1				雜項清單支出表				
2								
3	項目	一月	二月	三月	第一季總支出	平均支出		
4	濾水網	1,000	890	1,250	3,140	1,047		
5	樹頂蘋果汁	750	500	1,000	2,250	750		
6	便利貼	280	350	320	950	317		
7	咖啡濾紙（大）	570	800	300	1,670	557		
8	抽取式衛生紙	1,200	500	720	2,420	807		
9								

在 Google 試算表建立圖表

圖表主要是將繁雜的數值資料轉換為圖形，不僅是讓這份試算表更顯專業，也能讓瀏覽資料的人員快速了解內容。

01 先選取要建立為圖表的資料儲存格，再選按 📊 **插入圖表** 鈕。

	A	B	C	D	E	F	G	H	I
	項目								
1	雜項清單支出表								
2									
3	項目	一月	二月	三月	第一季總支出	平均支出			
4	濾水網	1,000	890	1,250	3,140	1,047			
5	樹頂蘋果汁	750	500	1,000	2,250	750			
6	便利貼	280	350	320	950	317			
7	咖啡濾紙 (大)	570	800	300	1,670	557			
8	抽取式衛生紙	1,200	500	720	2,420	807			
9									
10									

02 於 **建議圖表** 標籤首先檢查圖表的範圍，接著於下方的清單中選按合適的圖表類型，再按 **插入** 鈕，即可將圖表插入試算表文件中。(於 **圖表類型** 標籤中有更多的圖表類型可選擇)

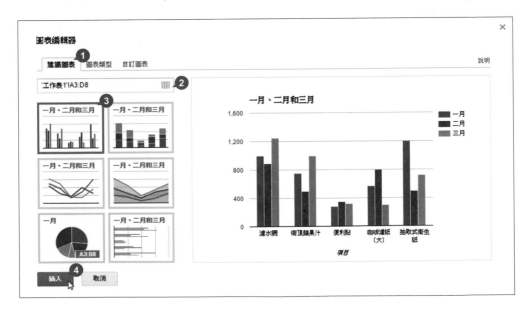

在 Google 試算表編輯圖表

TIPS 136

為了方便單獨檢閱圖表,可以將圖表移至其他工作表中,也可以再針對圖表標題、座標軸標題、色彩、格式...等項目進行編輯修改。

01 先選取圖表,再選按圖表物件右上角的 ▾ \ **移動到小工具的工作表**,會自動將這個圖表移動到新的專屬工作表中。

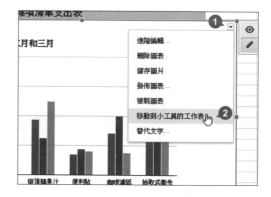

02 於圖表專屬工作表中,選按 **進階編輯** 鈕可進入編輯模式的 **自訂圖表** 標籤,進行圖表的相關編輯與設定,設定完成後選按 **更新** 即可。

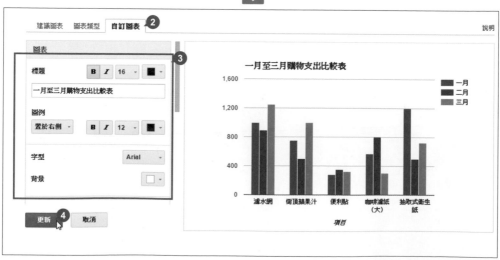

TIPS 137

在 Google 文件及簡報中加入圖表

Google 文件及簡報並不支援圖表的製作，但可以將 Google 試算表中已製作好的圖表物件，插入至文件或簡報中。

01 於 **Google 試算表** 中，選取已製作好的圖表物件，再選按圖表物件右上角的 ▼ \ **複製圖表**，若圖表物件已移至專屬工作表則是直接選按右上角的 **複製圖表** 鈕。

02 於 **Google 文件** 或 **簡報** 中，按 Ctrl + V 鍵即可於輸入線所在位置插入圖表 (這時圖表已轉換為圖片)。

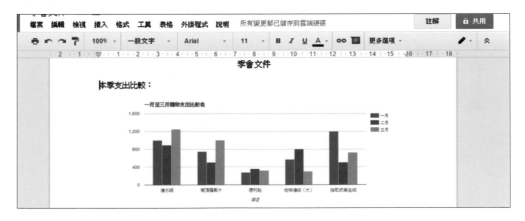

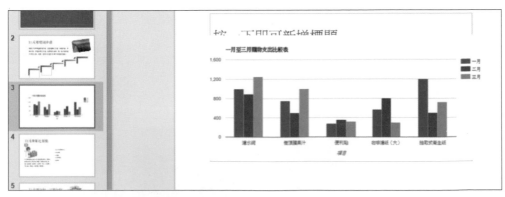

儲存 Google 文件變更

不同於 Office 文書的使用習慣，Google 文件、簡報與試算表在製作的過程中會自動儲存所有編輯動作與變更。所有檔案都是儲存在 Google 雲端硬碟中，可透過雲端硬碟與 Google 文件、簡報與試算表主畫面快速輕鬆地建立、檢視及編輯。

01 在編輯的過程中，畫面上方會看到 "所有變更已儲存到雲端硬碟" 的訊息。

02 完成文件的編輯動作後，直接關閉該分頁就可以回到主畫面，繼續其他操作。

檢視與回復之前編輯的版本

Google 文件、簡報與試算表會自動儲存每次的變更，而若需要回復到特定時間點的版本內容，可透過修訂版本紀錄清單進行設定。

01 選按文件上方的儲存訊息。

02 右側會開啟 **修訂版本紀錄** 窗格，選按想要檢視或回復的版本項目，文件就可回復到該時間點的內容。(若回復後覺得並不合適可再選按其他版本項目)

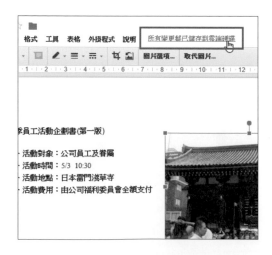

管理 Google 文件、簡報或試算表檔案

Google 文件、簡報與試算表建立的檔案都是儲存在 Google 雲端硬碟中，可以在各個主畫面看到該類別的檔案，除了可以開啟檔案進行瀏覽、編輯，還能為檔案重新命名、刪除或指定在新的分頁中開啟。

文件、簡報或試算表的切換

按一下左上角的 ▤ 鈕即可切換文件、簡報和試算表，或是查看 Google 雲端硬碟內存放的檔案。

直接開啟 Google 文件、簡報或試算表

於主畫面中選按要開啟的文件就可以直接開啟，編輯完成後選按畫面左上角 **簡報首頁** 鈕就可以回到主畫面再開啟其他檔案了。

在新分頁開啟 Google 文件、簡報或試算表

於主畫面要開啟的文件右下角按一下 ⋮ (或按滑鼠右鍵)，選按 **在分頁中開啟** 檔案就會在新的分頁中開啟方便編輯。

重新命名、刪除 Google 文件、簡報或試算表

於主畫面各文件右下角按一下 ⋮，選按 **重新命名** 就可以重新修改檔案名稱；選按 **移除** 檔案就會被刪除，如果不小心刪錯了，立刻在上方按一下 **複原** 就可以回復此檔案。

TIPS 141 發佈成網頁與朋友分享

Google 文件、簡報與試算表可以透過 "發佈" 的方式將內容轉換成網頁，以方便與朋友分享或檢視。發佈檔案後，會產生一個網址，讓您可以傳送給朋友或嵌入網站中。

01 開啟要與朋友分享的檔案，選按 **檔案 \ 發佈到網路**。

02 待出現確認訊息時選按 **連結**，再按 **發佈** 鈕與 **確定** 鈕，這樣即會開始發佈並將檔案內容轉換成網頁。

03 按 Ctrl + C 鍵複製網址連結，並轉貼給朋友、或運用下方提供的方式：Gmail、Google+、Facebook、Twitter 分享該連結。(預設當您對原始檔案進行變更時，已發佈的版本也會自動更新。) (發佈後按 **發佈到網路** 畫面右上角的 ☒ 可關閉該畫面)

04 透過該網址，即能夠以瀏覽網頁的方式觀看文件內容。

以電子郵件附件寄給朋友

Google 文件、簡報與試算表的檔案也可透過電子郵件寄送的方式，以附件寄給朋友。

01 開啟檔案，選按 **檔案 \ 以電子郵件附件傳送**。

02 指定附件類型、輸入收件者、主旨與內文，再按 **傳送** 鈕即可。

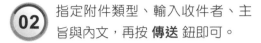
Google 文件轉為 PDF 或 Office 格式

Google 文件、簡報與試算表檔案，也可以轉換為 PDF 文件 (.pdf)、Word (.docx)、PowerPoint (.pptx)、Excel (.xlsx)、純文字 (.txt)、RTF 格式 (.rtf) ...等格式下載回本機。

開啟要進行下載並轉換格式的檔案，選按 **檔案 \ 下載格式**，選按合適格式項目後，就會直接轉換該檔案並下載到本機了。

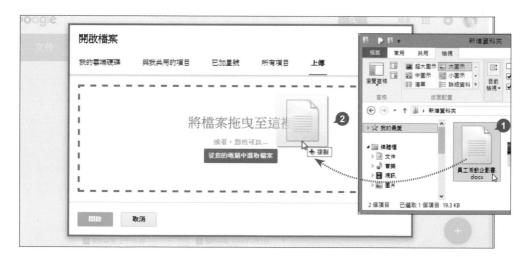

沒裝 Office 也能編輯瀏覽 Office 文件

TIPS 144

如果想要在沒有安裝 Office 軟體的電腦裡檢視及編輯 Word、Excel 或 PowerPoint 檔案,除了透過 Google 文件、簡報、試算表轉檔開啟,還可安裝 Chrome 擴充功能即可直接開啟編輯 Office 文件。

透過 Google 文件、簡報、試算表開啟

01 於文件、簡報或是試算表主畫面右上角選按 ▢ **開啟檔案選擇器**。

02 選按 **上傳** 項目,於檔案總管視窗中找到要插入的文件、簡報或是試算表檔案,直接拖曳到 **開啟檔案** 畫面中放開。

03 上傳完成後會出現選擇檢視方式的畫面,可選擇開啟的檔案 **僅供檢視** (格式、字型與物件位置較不容易跑掉) 或是 **以 Google 文件格式進行編輯** (直接轉檔、建立副本並保留原檔案)。

不需轉檔直接開啟並編輯 Office 文件

當需要開啟一份 Office 文件進行編輯，但電腦中又沒安裝微軟的 Office 軟體，也不想將該檔案轉成 Google 格式的 文件、簡報 或 試算表。於 Chrome 瀏覽器中，只要安裝 "Office 相容" 擴充功能即可不需轉檔就直接編輯 Office 格式文件！

01 於 **Chrome 線上應用程式商店** 首頁搜尋並安裝「**文件、試算表及簡報的 Office 編輯擴充功能**」擴充功能。 (可參考 P33 的說明進入 **Chrome 線上應用程式商店**)

02 擴充功能安裝完成後，只要拖曳任一 Office 格式檔案至 Chrome 頁面中，檔案即直接以 **Office** 原格式開啟並可編輯該檔案。

03 檔案開啟之後不會自動儲存、不會轉存為 Google 文件，所以編輯完成後可按編輯區上方 **立即儲存** 訊息即可將此 Office 文件以 Office 格式存回本機中，或是選按 **檔案 \ 儲存為 Google 文件**，可另存為 Google 格式的 文件、簡報與試算表。 (試算表或簡報的操作完全相同)

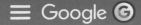

分享與共用文件、簡報、試算表

TIPS 145

製作好的文件、簡報與試算表，可以透過 **共用** 功能指定共用對象，讓多人可以同時編輯同一份文件。

開啟共用編輯權限給指定的協作者

01 於要分享的檔案畫面右上角選按 **共用**，準備以電子郵件的方式邀請朋友共用該檔案編輯。

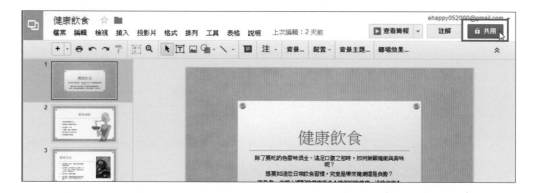

02 於 **使用者** 欄位填入邀請對象的電子郵件，接著於右側可設定開放的權限：**可以編輯、可以註解、可以檢視**，最後按 **傳送** 鈕。

協作者會收到的共用通知

01 當指定協作者收到共用通知電子郵件，開啟該郵件並按下共用的檔案連結。

02 即可開啟共用的檔案進行檢視或編輯。

共用編輯時運用"即時通訊"與協作者溝通

01 與協作者同時開啟同一份文件編輯時，右上角可看到目前協同編輯的朋友的大頭照 (滑鼠指標移至上方可看到該協作者的全名)。

02 於文件中做修改時，可按 🗨 鈕顯示即時通訊面板，輸入要溝通的內容後按 Enter 鍵，即可與協作者進行即時溝通。

03 協作者會收到即時通訊的內容，可於該面板輸入回覆的訊息後按 Enter 鍵，即可回覆朋友。

共同編輯時運用 "註解" 與協作者構通

01 若文件中有任何內容需要加上註解以進行協同討論調整的，可以利用 **註解** 這項功能。先選取文件中需要註解的內容，再按 **註解** 鈕 \ **註解**。

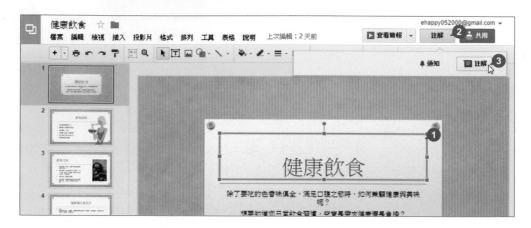

02 輸入註解事項後，按 **註解** 鈕，即完成這個註解項目的新增。協同編輯的朋友會同時看到這個註解項目。

小提示 透過其他方式通知協作者

除了以電子郵件方式通知協作者共用編輯檔案，於要共用的檔案畫面右上角選按 **共用**，再按 **與他人共用** 畫面右下角的 **進階**，於 **共用設定** 畫面上方有一 **共用連結**，並擁有多種分享方式：Gmail、Google+、Facebook、Twitter，只要選按合適的方式通知協作者即可。

TIPS 146 從雲端硬碟開啟文件、簡報及試算表

Google 文件、簡報和試算表建立的檔案都是儲存在 Google 雲端硬碟中，因此也可以直接於 Google 雲端硬碟開啟檢視並編輯這些檔案。

開啟雲端硬碟主畫面後，於要開啟的文件上按一下滑鼠右鍵 (在此以簡報檔為例)，選按 **預覽** 則是開啟檢視，若選按 **選擇開啟工具 \ Google 簡報**，就會直接開啟 **Google 簡報** 編輯畫面。

 TIPS 147 從雲端硬碟直接分享與共用文件

在 Google 雲端硬碟中不用先開啟每個文件檔案，也能直接分享給協同作業的夥伴。

開啟雲端硬碟主畫面後，於要開啟的文件上按一下滑鼠右鍵選按 **共用**，再於 **使用者** 欄位填入邀請對象的電子郵件，接著可於右側設定開放的權限，最後按 **傳送** 鈕，就可以與對方共用此份文件了。

TIPS 148 翻譯整篇外文文件

當收到國外友人寄來的文件，要逐字翻譯再了解全文實在很辛苦，直接將要翻譯的文件交由 **Google 文件** 處理即可。

01 首先開啟要進行翻譯的 Google 文件，選按 **工具 \ 翻譯文件**。

02 接著設定文件標題 (即檔案名稱)，再指定要翻譯的語言，最後按 **翻譯** 鈕就會開啟新視窗出現翻譯完成的文件。

小提示 翻譯試算表、簡報檔內容或是非雲端的文件檔案

前面說明的是翻譯 Google 文件的方式，如果想翻譯試算表、簡報檔內容或是本機電腦中的文件檔案，可開啟 **Google 翻譯** 網頁 (https://translate.google.com.tw)，選按 **翻譯文件**。接著按 **選擇檔案** 鈕，於對話方塊中開啟要翻譯的檔案，設定要翻譯的語言，最後按 **翻譯** 鈕就會於視窗出現翻譯完成的文件了。

TIPS 149

Google 表單 - 有效率的線上問卷

徵人、課程設計、員工意見、活動內容...等意見調查，以書面方式一張張發送常無法有效回收，問卷回覆率可能非常低，整理統計也相當耗時。

現在透過 Google 雲端硬碟內建的 **表單** 應用程式，可以輕鬆做出一份線上問卷調查表，再以 E-mail 寄給受訪者於線上填寫或直接於 Google+、Facebook 貼上此份線上問卷調查表，待填寫並提交資料後，Google **表單** 還會自動整理出問卷統計結果與分析。

新增表單 \ 建立問卷資料

01 於 Google 雲端硬碟主畫面選按 **新增 \ 更多 \ Google 表單**。(首次使用時若出現歡迎畫面，請依畫面說明進入表單介面。)

02 選按表單上方的 **無標題表單** 輸入表單名稱，再選按表單裡的 **無標題表單**，二處就會同步而不需要重覆輸入，接著輸入表單說明。

03 首先選按 **未命名的問題** 輸入第一個問題,接著選按問題右側清單鈕選擇 **簡答、段落、單選、核取方塊、下拉式選單**...等作答方式,在此選擇 **核取方塊** 題型 (可複選)。接著輸入第一項核選的項目,再選按 **新增選項** 後輸入第二個項目。

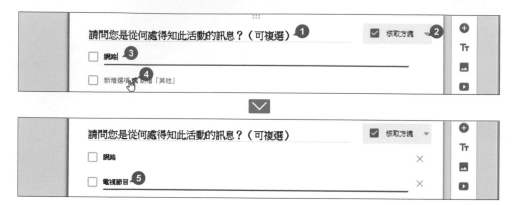

04 選按 **新增「其他」**,即可新增一個開放式項目。

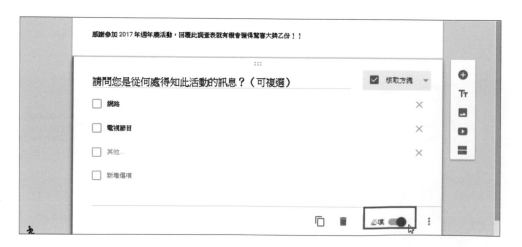

05 完成第一個問題的建立後,若此問題為必填,於表單下方開啟 **必填** 項目。

感謝參加 2017 年週年慶活動,回覆此調查表就有機會獲得驚喜大獎乙份!!

請問您是從何處得知此活動的訊息?(可複選)　　　　　☑ 核取方塊 ▾

☐ 網路　　　　　　　　　　　　　　　　　　　×

☐ 電視節目　　　　　　　　　　　　　　　　×

☐ 其他...　　　　　　　　　　　　　　　　　×

☐ 新增選項

必填

新增及快速複製問題項目

01 若需要再加入其他的問題項目，可按右側 ⊕ **新增問題** 新增一道問題，輸入問題後，再選按合適的作答方式 (在此選擇 **簡答** 類型)，若此題目為必填，於表單下方開啟 **必填** 項目。

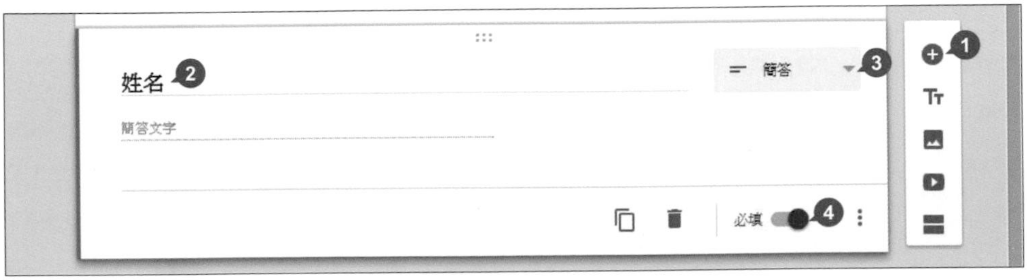

02 如果下面幾個問題的設定都是類似的，可以直接以複製的方式節省時間，完成要複製問題後，選按問題下方的 ⧉ **複製**，複製後再修改問題即可。

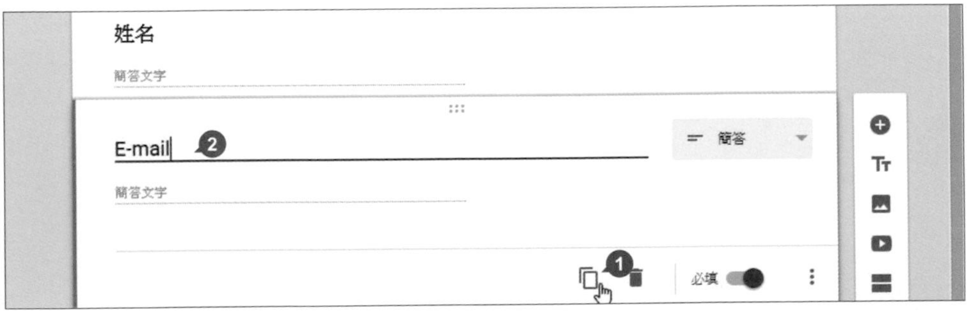

03 以相同的方式複製與修改問題後，完成如下三項個人資料的相關問題。(Google 表單在製作的過程中會自動將所有編輯動作與變更均儲存到雲端硬碟，因此完成編輯後可直接關閉該網頁分頁。)

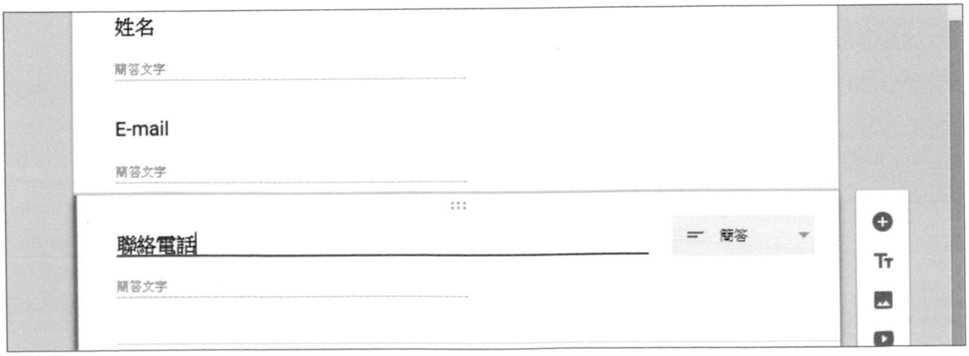

調整問題及答案項目先後順序

01 在要調整順序的問題上方，按著 ⊞ 不放，拖曳至問卷中合適的位置再放開，即可移動問題的先後順序。

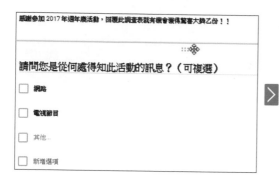

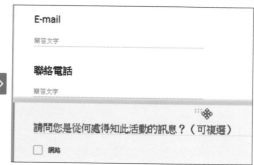

02 在要調整順序的答案項目左方，可按著 ⊞ 不放拖曳至問題中合適的位置再放開，即會移動答案項目的先後順序。

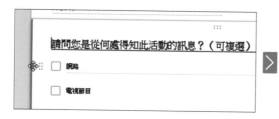

變更表單顏色或插圖主題

若要調整表單問卷套用的主題樣式，可選按上方的 🎨 **調色盤**，直接於清單中選按要變更的顏色，或是選按 🖼 套用插圖、主題或上傳自己的相片，最後再按 **選取** 鈕即可套用。

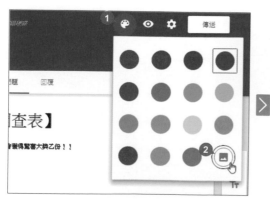

預覽目前問卷的設計

完成表單問卷內容的建立後，選按畫面
上方 ◉ **預覽**，會開啟新的頁面預覽目前
表單內容與設計。

問卷提交時要給作答者的訊息

回到表單編輯畫面，接著要指定作答者提
交問卷時需出現的訊息，選按畫面右上方
⚙ **設定**，於 **確認頁面** 項目中 **給作答者的
訊息：** 輸入合適的文字 ，再按 **儲存** 鈕。

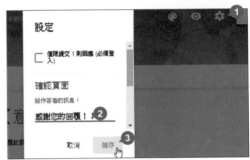

利用 Google+ \ Facebook \ Twitter 分享表單問卷

完成表單問卷內容的建立後，選按畫面右上角 **傳送** 鈕，於 **傳送表單** 畫面中可以透過
Google+、Facebook、Twitter 進行分享，在此選按 8+ **Google+**。於開啟的 Google+ 畫
面，輸入說明文字及分享對象，最後按 **分享** 鈕，這則問卷訊息就透過 Google+ 分享了。

待朋友看到您 Google+ 的動態訊息時，只要選按訊息中的表單標題連結，即可進行線上填寫，最後按 **提交** 鈕即可將問卷繳回您的 Google 表單進行統計。

以電子郵件傳送問卷

完成表單問卷內容的建立後，選按畫面右上角 **傳送** 鈕，於 **傳送表單** 畫面中，若想要以電子郵件傳送表單給指定的受訪者，只要於 ✉ 標籤中輸入作答者的電子郵件、主旨與信件內容，最後按 **傳送** 鈕。

待朋友收到您寄的電子郵件後，開啟電子郵件中的連結，就能進行線上填寫，最後按 **提交** 鈕即可將問卷繳回您的 Google 表單進行統計。

開啟並查看問卷回覆結果

於 Google 雲端硬碟主畫面該表單文件上連按二下滑鼠左鍵開啟，進入編輯畫面，於 **回覆** 標籤內即可看到目前已回收問卷的統計結果。

 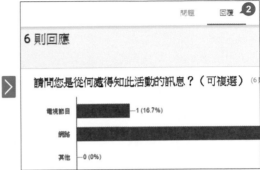

將問卷回覆結果轉為 Google 試算表

進入表單編輯畫面後，於 **回覆** 標籤選按 ➕ **建立試算表**，於 **選取回應目的地** 對話方塊核選 **建立新試算表**，再按 **建立** 鈕，接著會開啟的 Google 試算表編輯畫面就可以看到目前已回收問卷的統計結果。

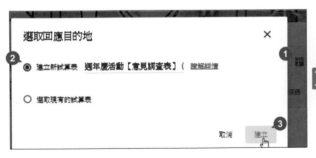 

將問卷回覆結果以 .cvs 格式檔案下載

進入表單編輯畫面後，於 **回覆** 標籤選按 ⋮\ **下載回應(.csv)**，瀏覽器就會直接下載此檔案。由於直接於 Excel 開啟 .csv 檔案時，內容會以亂碼呈現，因此先於 **檔案總管**，將滑鼠指標移至該 CSV 檔上，按一下滑鼠右鍵選按 **開啟 \ 記事本**，先以 **記事本** 軟體開啟後，接著選按 **檔案 \ 儲存檔案**，之後再以 Excel 開啟該檔案就不會有亂碼的文字出現了。

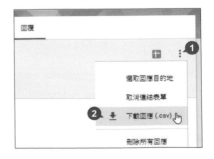

TIPS 150 Google Keep 記住生活清單大小事

怕自己忘東忘西嗎？Google Keep 可隨時幫您記下大小事，也可以將海報、收據或文件拍照存檔，還可與親朋好友分享。適用於行動裝置與電腦，新增的每一筆記事內容都會同步到所有裝置上，日後輕輕鬆鬆就能找到這些資料。

Google Keep 有網頁版、電腦版及行動裝置版，記事可以使用一般文章、清單或是附圖的方式來隨手紀錄；也可以與朋友共同編輯，再將討論結果直接轉為 Google 文件，還能設定提醒時間，或依照不同需求變更記事的顏色，十分便利又實用！

進入 Google Keep 新增記事

01 開啟 Chrome 瀏覽器連結至 Google Keep 首頁 (https://keep.google.com)，若第一次開啟會出現最新功能說明，選按 **知道了**，再選按 **新增記事**。

02 首先選按 **標題** 輸入記事標題名稱，再選按 **新增記事** 並輸入要紀錄的事情，也可以針對需求設定 **提醒**、**共用**、**變更顏色** 與 **新增圖片**，最後按 **完成** 鈕就可以了。

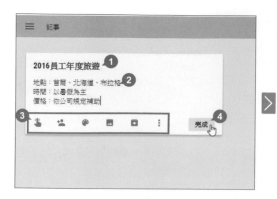
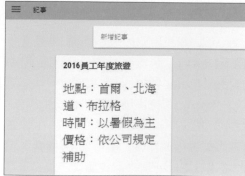

新增有核選清單的記事

於 Google Keep 主畫面選按 <kbd>目</kbd> **新增清單**，選按 **標題** 後輸入記事標題名稱，再選按 **+ 新增項目** 並輸入要紀錄的項目，按 <kbd>Enter</kbd> 鍵可輸入下一筆項目，一樣可設定 **提醒**、**共用**...等項目，最後按 **完成** 鈕就可以了。

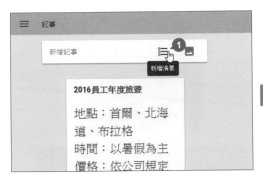 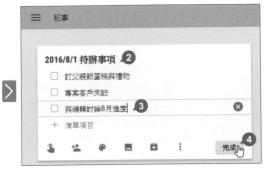

在清單記事中可以核選已完成的項目，該項目就會打勾加上刪除線並移到最下方。

新增圖片記事

於 Google Keep 主畫面選按 <kbd>▤</kbd> **新增附圖記事**，接著選按要插入的圖片再按 **開啟** 鈕，在下方輸入相關記事標題與內容後，按 **完成** 鈕就可以了。

刪除記事及復原已刪除記事

於要刪除的記事下方選按 ⠿ \ **刪除 1 則記事**，就可以刪除這一則記事。如果想要恢復這則記事，於畫面左側會出現如下右圖的提示，只要選按 **復原** 就可以恢復了。(若此復原提示消失了，可進入 ☰ \ **垃圾桶** 畫面，於要復原的記事按其左下角的 ⠿ \ **還原** 進行還原動作，但保留期限只有 7 天，逾期還是會被 Google 永久刪除。)

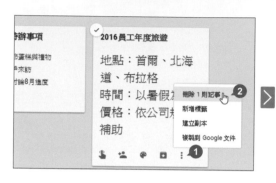

將記事複製為 Google 文件

於要複製為 Google 文件的記事下方選按 ⠿ \ **複製到 Google 文件**，接著選按 **開啟 GOOGLE 文件**，就會在新的頁面中開啟此記事轉換的 Google 文件了。

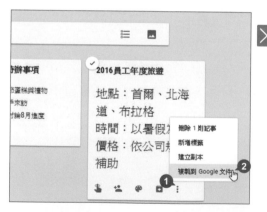
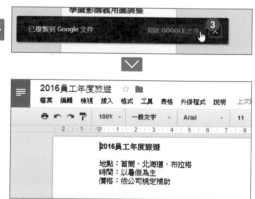

> **小提示** 圖片記事的格式限制
>
> 要將圖片插入 Google Keep 有些限制，只能上傳 GIF、JPEG、JPG、PNG、WEBP 格式的檔案，檔案大小不能超過 10MB 或是 25 百萬像素的圖片。

Google 文書 - 在行動裝置上的應用

文件、試算表與簡報是公務往來最需要透過行動裝置瀏覽、編輯的事項，一起來使用行動裝置讓工作更有效率。

> 本 TIPS 是以 Android 系統示範，預設已經安裝了 **Google 文件**、**Google 簡報**、**Google 試算表** 應用程式，如果設備中無此應用程式時，請至 **Google Play** 商店搜尋並安裝。

瀏覽、編輯或建立 Google 文件、試算表與簡報

Google 文件、簡報與試算表，這三個應用程式的介面與使用方式與大同小異，在此以 Google 文件示範操作。先於行動裝置上選按 📄 **文件** 圖示，開啟 **文件** 應用程式。

01 於 **文件** 主畫面選按要瀏覽的文件，即可開啟瀏覽，再於畫面右下角選按 ✏️ 即可進入編輯模式。(按左上角 ✓ 完成編輯回到上一層，再按 ◁ 可回到主畫面)

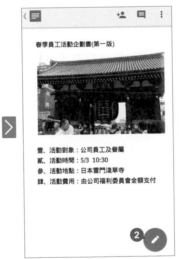

> **小提示** 預覽文件的列印版面
>
> 在行動裝置的 Google 文件中編輯時，感覺就像在非常長的便條紙上紀錄圖文，沒有分頁標記也沒有文件邊界，實在是有些不方便！其實只要於文件編輯區畫面選按右上角 ⋮，再選按 **列印版面配置**，即可切換至列印版面模式，可以清楚瀏覽整個版面頁面。

02 回到 Google 文件主畫面，按畫面右下角的 ⊕ 就可以直接開始於新文件中編輯了。

不需轉檔直接開啟並編輯 Office 文件

於 Google 文件、Google 試算表與 Google 簡報應用程式中，無需轉檔即可直接編輯 Word、Excel 與 PowerPoint 檔案，除了已上傳的 Office 檔案以外，也可以從行動裝置的儲存空間中直接上傳並編輯。

01 於 Google 文件、簡報、試算表主畫面，選按要開啟編輯的 Office 文件。(各檔案圖示分別代表的檔案類型：▤ Google 文件、✚ Google 試算表、▢ Google 簡報、Ｗ Word、Ｘ Excel、Ｐ PowerPoint)

會於 "Office 相容模式" 中開啟 Office 文件，同時可進行文件內容的編輯與格式設定。

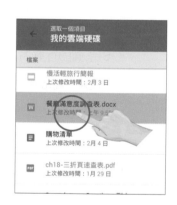

02 如果於主畫面右上角選按 ☐，**開啟檔案** 清單中選按 **裝置儲存空間**，接著選按要開啟的檔案，再按 **開啟**，就可以編輯行動裝置儲存空間中的 Office 檔案了。

播放簡報並投影

01 於 Google 簡報主畫面，選按要進行播放的簡報項目，Google 簡報檔或 PowerPoint 檔均可直接選按進行播放，其播放畫面會有些許的差異，但操作方式均十分簡單，在此以 Google 簡報檔示範。

02 如果想將簡報內容放映到投影布幕上，不同的行動裝置系統有不同的設定方式，可以參考以下說明進行環境佈置。

 Android 系統的行動裝置可透過以下無線或有線方式進行播放：

· 透過 Miracast 無線技術，電腦可以使用該技術以無線轉播的方式將畫面投影到電視、投影機。(目前市面上很多支援無線分享器 Miracast 的電視盒、無線傳輸器...等設備)

 iOS 系統的行動裝置可透過以下無線或有線方式進行播放：

· 使用 "Apple TV" (https://www.apple.com/tw/appletv/) 以無線轉播的方式直接將畫面放映到投影布幕。

· 若沒有此設備，可以於電腦下載、解壓縮、執行 iTools 的 Airplayer (http://http://pro.itools.cn/airplayer)，這樣即可以無線的方式，讓您的 iOS 裝置透過內建的 Airplayer 功能將畫面鏡像輸出到電腦再投影到布幕。

另外，也可於電腦下載、 安裝 iTools 軟體 (http://www.itools.tw/iTools/Download)，將行動裝置連線到電腦，電腦連線投影機，再透過 iTools 中的 **即時桌面** 工具即可將畫面投影到布幕，這個方式同時支援 Android 與 iOS 二個系統。

03 接著將行動裝置轉為橫向以方便
簡報播放。在畫面左側可以瀏覽
簡報內所有的投影片，選按任一
投影片可切換到該投影片畫面，
直接選按投影片上的文字也可進
行編輯。

04 選按上方的 ▶ 鈕即可全畫面播放
簡報內容。

離線使用雲端硬碟中的檔案

無法上網但仍需要瀏覽雲端硬碟上的檔案時，可為該檔案設定離線存取功能。於 Google
文件主畫面，選按檔案項目右側的 ⋮，核選 **可離線存取** 項目，完成設定後於檔案下方會
加上 ✅ 符號，這樣就可以於離線時檢視以及編輯該檔案。(待重新連上網路後，即會自
動同步最新的檔案至雲端。)

Google Keep - 在行動裝置上的應用

TIPS 152

在 Google Keep 上可以隨手記下靈光一現的小點子，或是以圖片、手繪的方式紀錄，讓記事更直覺更便利。

> 本 TIPS 是以 Android 系統示範，預設已經安裝了 **Google Keep** 應用程式，如果設備中無此應用程式時，請至 **Google Play** 商店搜尋並安裝。

進入及新增記事

先於行動裝置上選按 💡 **Keep** 圖示，開啟應用程式。於 Keep 主畫面選按 **知道了** 關閉通知，接著選按畫面下方的 **新增記事**。於畫面輸入 **標題** 及 **記事**，再按畫面左上角 ← 就新增了一則記事。

新增記事提醒

在重要記事加上提醒時間或地點，就不怕錯過了。於 Keep 主畫面按一下記事項目，於記事編輯畫面選按 **提醒我**，再選按要提醒的方式 (這裡選按 **時間提醒**)，接著設定要提醒的時間或地點，最後按左上角 ← 即完成記事的提醒設定。

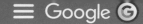
直接新增清單、繪圖、語音及相片圖片記事

在 Keep 中可以用多種方式來紀錄：📋 **清單**、✏️ **繪圖**、🎤 **錄音**、📷 **相片圖片**，可以依照自己的使用習慣及需要的情況來選擇。

01 於主畫面下方選按要使用的的紀錄方式，在此選按 ✏️ **繪圖**，進入繪圖畫面後先選按要用的畫筆，接著再按一次該畫筆就可以變更畫筆的粗細及顏色，在上方空白處可自由塗繪，完成後選按畫面左上角 ← 回到上一層紀錄文字。

02 於下方輸入要紀錄的文字內容，再選按畫面左上角 ← ，就完成這則繪圖記事。

Google 地圖
旅遊規劃與路線導航

自從有了 Google 地圖後，出門遊玩再也不用擔心迷路的問題，利用它做好旅遊規劃，讓您不用出門也能到達現場勘景，是一個集旅遊資訊與語音導航於一身的好幫手。

TIPS 153 開啟 Google 地圖並完成定位

第一次使用 Google 地圖前得先做好定位動作，才能準確規劃路線或了解在地服務。

01 於 Chrome 瀏覽器開啟 Google 首頁 (https://www.google.com.tw)，確認已登入 Google 帳號後，選按 ⊞ **Google 應用程式** 中的 **地圖**。(若找不到可按 **更多**)

02 於地圖右下角先選按 ◉ 圖示，再按網址列下方 **允許** 鈕，同意讓電腦取得位置資訊，即可完成定位。(如定位失敗請檢查是否有連接上網際網路)

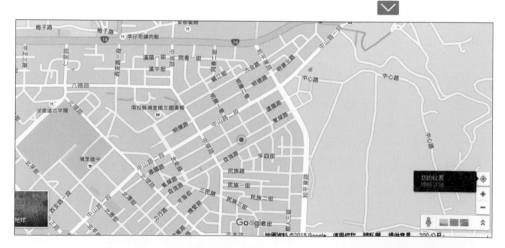

用關鍵字找美食好簡單

看到新聞或是旅遊節目介紹了好吃好玩的地方,只要使用關鍵字在 Google 地圖上查詢,馬上就能得知位置在哪裡!

於 Google 地圖左上角搜尋列中輸入想搜尋的關鍵字,按 Enter 鍵,接著於清單中選按合適的地點,即可立刻定位該地點,並在左側顯示了更多相關資訊,其中並包含 "街景服務"。

選按地圖右下角 ⊞ 或 ⊟ 圖示可以放大或縮小地圖比例 (或使用滑鼠中央滾輪控制);將滑鼠指標移至地圖上任一處,按住滑鼠左鍵不放拖曳,則可以移動地圖位置。

小提示 使用地址或座標搜尋目標

搜尋一般市區中的景點時,大部分都能找到正確的位置,但當搜尋的是市郊或是偏僻鄉村時,如果能使用地址或是座標來搜尋,較能得到精準的位置。

TIPS 155

用關鍵字找民宿好省事

要出去遊玩卻不知道哪間民宿較優質，沒關係！這時就由 Google 地圖來充當旅遊諮詢師，讓您找到一間滿意的民宿。

01 於 Google 地圖左上角搜尋列中輸入民宿地點與「民宿」二字 (中間必須按一下 Space 鍵區隔)，例如：「台南 民宿」，再按 Enter 鍵，即會列出台南附近的民宿，清單中除了民宿名稱外，還有網友評價的星號，選按喜愛的民宿名稱，就可以看到詳細的民宿資訊。

02 除了民宿資訊外，下方還有網友們評論的文章，選按評論連結觀看內容，可以有更多參考的依據；相對地，如果想為這間民宿做推薦時，於左下角選按 **撰寫評論**，就可以為這間民宿 **加上星號、評論**；如果有為民宿拍了一些美美的照片，選按 **新增相片** 就可以將自己拍攝的作品上傳。

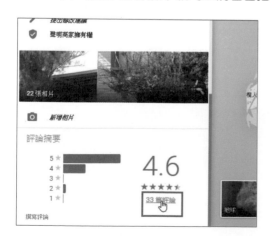 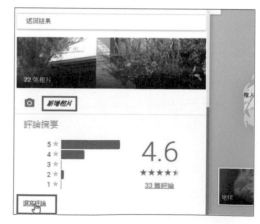

用景點或地址探索附近店家

到了一個陌生的地方，不清楚週遭是否有餐廳、飯店或是其他商家時，可以在 Google 地圖上先探索一番，讓身處異地的也不怕餓肚子。

01 於 Google 地圖左上角搜尋列中輸入景點關鍵字或地址，例如：「台北世貿一館」，按 [Enter] 鍵，完成定位後在左側按 ◎ **附近**，接著在搜尋列中會出現目前定位的地點名稱並以淡灰色文字呈現。(右側 ◉ 圖示表示目前以該地點為中心去搜尋附近特定的目標。)

02 可直接選按上方搜尋列中建議搜尋的項目，或於搜尋列輸入要搜尋的店家關鍵字，例如：「便利商店」、「咖啡廳」、「下午茶」...等，在此輸入「便當」，按 [Enter] 鍵，即會以「台北世貿一館」為標記並搜尋附近的「便當」店，可以於建議的店家清單中，根據星號或是評論決定要去哪一間店用餐。

TIPS 157 輕鬆規劃旅遊行程路線

找到目的地接下來就是要瞭解如何抵達，設定好出發地，Google 地圖即會規劃設計出最佳路線。

01 透過 Google 地圖左上角的搜尋列搜尋到目的地後，選按下方 **規劃路線**，於起點欄位輸入起點，按 Enter 鍵。(直接於地圖上選按位置也可設定)

02 Google 地圖會依指定的起點與目的地規劃出幾條合適的路線，也可以再透過 **選項** 中的設定來改變路線的內容，例如可設定避開高速公路。在地圖上會透過藍線標示出最佳的路線 (同時也是路線建議項目的第一筆)，而替代路徑則透過灰線標示，可以選按任一路線建議項目來預覽詳細路線內容。

03 如果要在路線中增加一中途點，可按 ⊕ **新增目的地** 鈕增加欄位，接著再輸入要前往的目的地。

將滑鼠指標移至欄位前方呈 ✋ 狀，按滑鼠左鍵不放往上拖曳放開，即可變更目的地的前後順序。

小提示 改變交通工具的設定或是刪除路線

Google 地圖預設是以自行開車的方式前往目的地，如果是要搭乘大眾運輸交通工具前往時，可於左側最上方選按 🚆 **大眾運輸**，即可切換為大眾運輸模式，除了計算前往需要的時間外，還列出了所有搭乘車班的號次與時間可供參考。

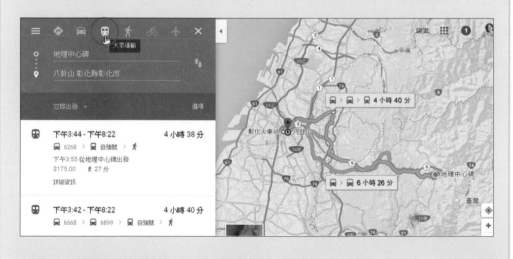

如要取消規劃好的路線時，只要按 ⊠ **關閉路線** 即可。

TIPS
158

360 度的影像街景服務

利用 Google 地圖可快速的查到目的地與規劃路線，但想要更了解週邊環境時，利用街景服務就可以讓您對現場一目瞭然。

01 透過 Google 地圖左上角的搜尋列搜尋到目的地後，將滑鼠指標移至搜尋列下方，選按 **街景服務** 的縮圖。(如下方並無街景服務的縮圖，則代表該地點尚未納入街景服務之中，可參考下頁小提示的說明，使用黃色小人預覽街景。)

02 進入街景服務後，於實景影像上按滑鼠左鍵不放隨意拖曳即可改變視角；接著將滑鼠指標移至地面上出現箭頭符號時，按一下滑鼠左鍵即可往該方向前進。

03 要結束街景服務時，只要將滑指標移至左下角縮圖中，按 **返回地圖** 即可切換回一般地圖狀態。

小提示 Google 地圖的黃色小人

如果在 Google 地圖搜尋列搜尋到目的地後，左側選單中並沒有街景縮圖可以選按時，可以利用地圖右下角的黃色小人。將滑鼠指標移至地圖右下角處黃色小人上方，按滑鼠左鍵不放，即可抓住黃色小人並放置在地圖搜尋到的目的地附近任一藍色線條路線上，放開滑鼠左鍵讓黃色小人落下即可立即預覽該處的街景圖。

TIPS
159

乘坐時光機探索歷史街景

隨著街景服務不斷的更新後，Google 將以前拍好的街景重新整合，推出 "TimeMachine" 的服務，讓您可以一覽現在與過去的街景。

01 於 Google 地圖上搜尋目的地並進入街景服務 (在此示範台中國家歌劇院)，在左上角的資訊欄位中可以看到標示 "街景服務 - 1 月 2015"，表示此街景相片為當時所拍攝的。

02 按資訊欄左下角 🕐 圖示開啟時間軸，透過拖曳時間軸滑桿的動作切換時間點，並可瀏覽當下的街景相片。如果按 🔍 圖示就可將目前的街景畫面更換為滑桿所在時間點街景。(依地點的不同，滑桿上可以切換的時間點也會不同。)

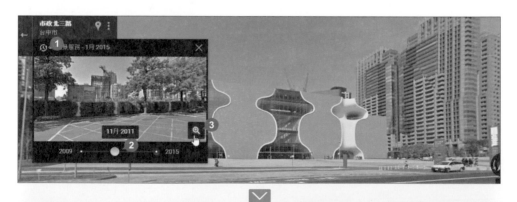

建立個人專屬的地圖

Google 地圖除了規劃路線外,還可以將已去過或是想去的景點標示在個人地圖裡,打造一個屬於自己的旅行地圖。

01 於 Google 地圖搜尋列左側按一下 ☰ **選單**,於展開的項目選按 **我的地圖**。

02 選按 **建立地圖** 鈕,建立新的地圖。(如果打開選單後無 **我的地圖 \ 建立地圖** 項目,請檢查是否已經登入帳號,沒有的話請完成登入後,再次操作上述步驟即可。)

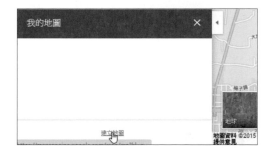

03 於 **無標題的地圖** 上按一下滑鼠左鍵,即可命名新地圖的標題,並加入該地圖的說明或敘述,完成後按 **儲存** 鈕。

04 於搜尋列中輸入景點的關鍵字,並在智慧搜尋結果選按正確的項目,在地圖上即會標出正確的位置,再將滑鼠指標移至綠色圖示上按一下左鍵可開啟該地點的詳細資訊清單。

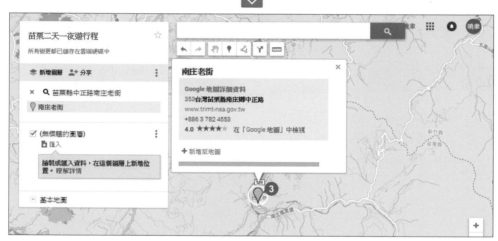

05 於該地點的 **Google 地圖詳細資料** 清單中按 **新增至地圖** 即可將此景點加入圖層中,景點圖示也會由綠色變成紅色。

06 依照相同操作方式，一一搜尋景點並建立至專屬的地圖中。也可將景點分享給好朋友，按 **分享** 後，於 **連結分享方式** 選按要分享的社群圖示，設定 **連結共用** 權限後，登入社群並依照該社群貼文方式完成分享即可。

或是在 **擁有存取權的使用者** 中按 **變更**，設定權限為 **開啟 - 知道連結的使用**，再直接複製 **共用連結** 欄位中的網址轉貼分享給朋友，最後按 **完成** 鈕即可回到 **我的地圖**。

分享完成後可按 **完成** 鈕回到 **我的地圖**，使用 **我的地圖** 編輯景點時，會在完成變更後，自動儲存當下的狀態，所以當看到標題下方出現 **所有變更都已儲存在雲端硬碟中** 字樣時，大可放心關掉瀏覽器。

分類景點好管理

我的地圖 的 **圖層** 功能可以分類所建立的景點，讓旅遊行程在規劃時更加完整與全面。

01 預設在 **我的地圖** 建立的景點會一一歸類在 **無標題的圖層** 中，可以於 **無標題的圖層** 上按一下滑鼠左鍵，為圖層命名後按 **儲存** 鈕，如此這個圖層就擁有專屬的名稱，以方便日後歸類各個不同屬性的景點。

02 如果要另外新增圖層時，則選按 **新增圖層** 鈕，於新增的 **無標題的圖層** 上按一下滑鼠左鍵，一樣完成命名的動作後按 **儲存** 鈕，接著只要依相同方式搜尋並新增景點即可。(目前使用的圖層，會於圖層名稱左側呈現藍色線條，按一下圖層名稱即切換至該圖層，確認好圖層後再新增景點。)

小提示 隱藏圖層的顯示

如果想要單純瀏覽某圖層分類景點時，只要於圖層標題左側取消核選，即可隱藏該圖層的顯示。

設計專屬圖示讓景點好辨識

我的地圖 上的標記圖示預設都是以 ● 顯示，如果圖層類型一多就不容易分辨，以下將藉由不同圖示來區分景點的性質。

01 在 **我的地圖** 將滑鼠指標移至景點名稱右側，按一下 ● 圖示開啟 **顏色** 及 **圖示形狀** 的設定畫面，按 **更多圖示** 鈕，於清單中選擇合適的圖示後，按 **確定** 鈕。

02 於空白處按一下，即可變更該景點的圖示，依相同操作方式完成其他景點的圖示變更，如此，即可在地圖上清楚分辨出該景點是屬於哪個分類。

小提示 圖示的顏色與形狀

基本的 **圖示形狀** 有：圓形、方形、菱形及星形圖示，這些預設的 **圖示形狀** 可以變更為其他顏色，但 **更多圖示** 中的圖示則無法變更顏色。

替旅遊景點加上精彩的圖文說明

TIPS 163

我的地圖 上雖然標示了景點位置，如果可以再幫景點加上清楚的說明，日後觀看時會更瞭解景點特色。

01 選按欲加入說明的景點名稱，接著於 **Google 地圖詳細資料** 清單中，選按 ✏ **編輯** 進入編輯模式，在說明欄位中輸入文字敘述，完成後按 📷 **新增圖片或影片** 插入圖片。

02 選按 **Google 圖片** 標籤，於搜尋列中輸入關鍵字後，按 🔍 圖示搜尋，在搜尋結果中選按合適的圖片後，按 **選取** 鈕，最後再按 **儲存** 鈕即可完成景點的圖文說明。

小提示 關於 Google 圖片版權

利用 **Google 圖片** 搜尋得到的結果，版權都屬於下方註明的網站，在使用上需特別注意，也可以利用自己拍攝的圖片先上傳至 Google 雲端硬碟，複製該圖片連結後，再於插入圖片時使用 **圖片網址** 的方式轉貼進來即可。

記錄個人的移動軌跡

透過 **Google 地圖** 與行動裝置，就能自動儲存您每天的移動軌跡。不僅日後方便查詢自己的行程，在裝置遺失時也能幫上一些忙。

01 首先於畫面右上角按一下 ⊞ **Google 應用程式 \ 我的帳戶**，於 **個人資訊和隱私權** 選按 **活動控制項**，在 **您造訪的地點(已暫停)** 右側按一下 ⬜，呈 ⬛ 狀，選按 **啟用** 開啟定位記錄即完成。

之後 Google 即會不定時自動追蹤並記錄您的位置。(初次開啟會出現時間軸的說明對話方塊，可以選按 **略過** 直接開始使用或是觀看完說明按 **開始瀏覽** 鈕。)

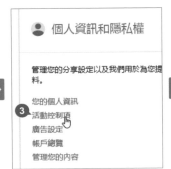

02 日後如果想查詢自己的行程路徑，只要於 **我的帳戶 \ 個人資訊和隱私權 \ 活動控制項** 中的 **您造訪的地點** 按 **管理紀錄** 開啟頁面，即可於左上角月曆中選按想查詢的日期，或是選按左下角的 **定位記錄** 以地點的方式來查詢。

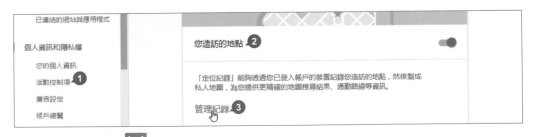

接收即時路況讓你通行無阻

出門最怕遇到塞車了，當卡在車陣中前後動彈不得，才開始後悔沒有使用 Google 即時路況時已經來不及了喔！

01 於 Google 地圖左上角搜尋列中按 ☰ **選單** 開啟側邊欄，接著選按 **路況**。

02 地圖上會透過顏色來區分不同的交通流量，例如綠色代表可暢行無阻，橘色代表有一點車流量，紅色表示有很多車，而暗紅色則代表壅塞，依據這樣的資訊來規劃想要走的路線，可以讓您省下更多時間。

瀏覽 3D 衛星空拍的 Google 地圖

Google 地圖除了一般路線圖外,也有 3D 地球版本,立即體驗真實立體化的地圖。

 在預設的路線圖形中,按左下角的 **地球** 縮圖,即可變更為衛星空照圖模式。

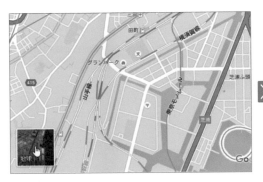 

02 選按右側 **傾斜檢視** 圖示二次 (如果地圖中已有規劃路線,那只能傾斜一次),即可將地圖視角切換成斜視的角度,可以看到地面隆起的山坡地與 3D 建築物,按住滑鼠左鍵拖曳地表就可以改變位置,選按右側 **+** 或是 **-** 圖示可縮放地圖顯示比例;選按右側 ● 指南針圖示左或右邊的箭頭,即可改變視角方向。

完成觀看後,按左下角 **地圖** 縮圖即可回到預設的路線圖模式。(部分大都市會提供此 3D 地圖,如:美國紐約、東京都...等,不過由於 3D 模式對硬體要求蠻高,所以在觀看時出現延遲是正常的狀況。)

Google 地圖帶你線上導覽博物館

Google Art Project 是 Google 環景地圖中蠻特殊的一項服務,利用它你可以隨時觀看世界各國的博物館實景及各個藝術品。

01 開啟 Chrome 瀏覽器,於網址列輸入「https://www.google.com/culturalinstitute/project/art-project」開啟 **Google Art Project** 首頁,選按 **典藏館**。

02 接著一起去國立故宮博物館瞧瞧,於搜尋列輸入「國立故宮博物院」,底下就會出現搜尋結果,按 🔘 鈕,即可直接進入博物館內部的街景服務。(操作上與一般街景一樣,左邊為樓層平面圖,中間數字為樓層切換鈕。)

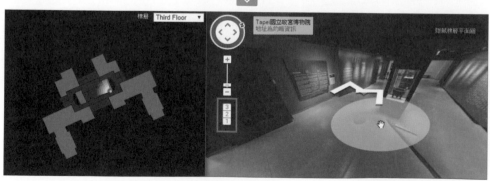

03 預設畫面下方中間有 **博物館環景項目** 圖片導覽列，選按圖片可直接前往該藝術品
或作品所展示的地方，再按一次 **博物館環景項目** 即可關閉該圖片列。

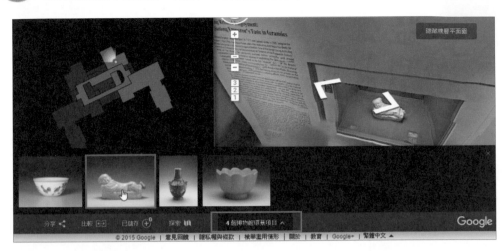

04 當選按圖片到達位置後，將滑鼠指標移至藝術品上出現 ◻ 圖示，按一下即可開啟
高解析的圖片頁面，利用畫面上預覽縮圖視窗來放大或縮小圖片，或是拖曳預覽
位置。(按左上角 **詳細資訊** 鈕，可以看到更多藝術品相關的資訊及說明。)

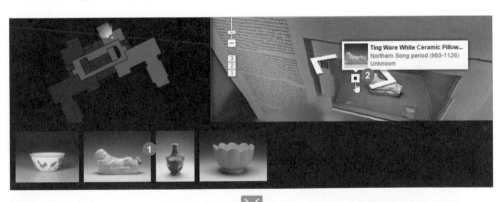

TIPS 168

Google 地圖在行動裝置上的應用

除了在電腦上操作設定 Google 地圖，也別忘了用在行動裝置上，機動性更高也更方便。

本 TIPS 是以 Android 系統示範，預設已經內建了 **地圖** 應用程式，如果您的設備中無此應用程式時，請自行至 **Google Play** 商店中搜尋並安裝。

規劃路線

請先於行動裝置上選按 📍 **地圖** 圖示，開啟 Google 地圖應用程式。

01 第一次使用行動版 **Google 地圖** 時，在歡迎畫面按 **接受並繼續** 鈕，再按 **好,現在啟用** 鈕讓應用程式自動完成定位動作。(如無法啟用可確認是否連上網路與打開行動裝置的 **GPS** 定位功能)

02 先按 ◉ 完成 **我的位置** 定位後，於搜尋列中輸入想前往的地方，完成定位後再按右下角 ● 圖示即可完成路線規劃。

使用語音導航

完成路線規劃後，就可以透過 Google 地圖的語音導航引導您前往目的地，按一下畫面下方的路線細節，可以先瞭解行進路徑，沒問題後按右上角 ▲ **開始** 圖示即可。

取消導航並刪除路徑規劃

按二下行動裝置上 ⤴ 鍵，即可取消導航功能並回到主畫面；接著按左上角 ← 圖示，即可刪除規劃好的路徑，最後按搜尋列右側 ✕ 圖示清除搜尋結果及地圖圖示。

在導航路線上的加油站、咖啡店、餐廳

行程規劃時會希望開車沿途能順路去一下加油站、餐廳、雜貨店、咖啡店...等地點，導航模式中加入了 **沿路線搜尋** 功能，按一下畫面中的 Ｑ 鈕，即可指定要在沿途出現什麼地點的標註。

使用街景服務

01 在行動裝置上也可以使用 Google 所提供的街景服務，首先於要觀看街景的景點上按一下出現 📍 圖示後，按一下下方景點資訊展開更詳細資訊頁面，滑動資訊頁面按一下 **街景服務** 縮圖即可進入實境模式。

02 使用手指在行動裝置上滑動即可 360 度預覽街景；按一下街景地面的箭頭符號可以讓街景前進或後退；如要離開街景服務，只要於畫面上先按一下，再於上方地址欄位按一下 ← 即可結束街景服務。

搜尋附近的吃喝玩樂服務

到了陌生景點後，人生地不熟的怎麼辦？利用 Google 地圖的在地服務即可輕鬆解決吃喝玩樂的問題。

01 先按 ◎ 完成 **我的位置** 定位後，於搜尋列按一下開啟搜尋記錄的頁面，於畫面中央選按欲查詢的服務圖示，其中圖示分別代表 ✗ **餐廳**、☕ **咖啡廳**、🍸 **酒吧**、☒ **景點**...，即可自動搜尋您周遭範圍內符合的項目。

02 選按欲前往的目的地後，畫面即會詳列出該目的地的營業時間、電話、地址...等相關資訊，或按右上角 🚗 圖示直接由 Google 地圖開始導航前往。

將 "我的地圖" 同步在行動裝置中

01 要將 P.231 提到並建立的 **我的地圖** 同步到行動裝置中,必須安裝 **我的地圖** 應用程式,請自行至 **Google Play** 商店中搜尋並安裝,第一次執行時按 **接受** 同意條款,再按 **開始使用** 即可進入主畫面。

02 按左上角 ☰ 圖示打開左側欄位,先確認已登入您的 Google 帳戶,選按 **我建立的地圖**,接著於 **我的地圖** 頁面中會看到之前已建立好的地圖清單,選按要開啟的地圖,即可載入該地圖內的資料。

YouTube
屬於個人的線上影音頻道

YouTube 是設立在國外的影片分享網站，可讓使用者上網、觀看及分享影片，
不論是短片、想看的電視劇或音樂 MV，都可以在 YouTube 上找到。

TIPS 169

申請 YouTube 帳戶

在前面的章節中，您應該已申請了 Google 帳戶，利用這個帳戶就可以直接登入 YouTube 帳戶，取得更多的服務功能。

01 開啟 Chrome 瀏覽器連結至 Google 首頁 (https://www.google.com.tw)，確認已登入 Google 帳號後，選按 ▦ **Google 應用程式** 中的 **YouTube**。(若找不到可按 **更多**)

02 登入後在右上角就可看到帳號資訊，透過 **首頁**、**發燒影片**、**訂閱內容** 三個項目的選按，可以進行畫面的切換與瀏覽。上方則是搜尋列，您可在搜尋列輸入關鍵字，即會自動列出喜歡的頻道。

TIPS
170

觀看熱門影片、音樂、運動頻道

YouTube 擁有各式各樣由上傳者製成或分享的影片內容，舉凡電影預告片、MTV 或各式球賽...等影片都可以在線上找到並觀賞。

01 在 YouTube 畫面左上角按 ☰ 鈕，清單中選按 **瀏覽頻道**，於右側 **YouTube 精選** 區域中選按 **YouTube 的熱門項目台灣**，會顯示目前時下精選的影片。

02 如果想要瀏覽跟音樂有關的頻道時，則是在 **YouTube 精選** 區域中先選按上方 **音樂** 小圖，再選按下方 **音樂** 大圖，會出現該頻道的相關影片讓您進行瀏覽；當然也可以透過上方 **搜尋頻道列**，輸入關鍵字直接進行影片頻道的搜尋及瀏覽。

以劇院模式或全螢幕模式觀看影片

瀏覽影片時，覺得預設播放畫面太小，可以透過控制列切換成劇院或全螢幕模式進行瀏覽。

01 於影片播放畫面，按控制列 ▭ **劇院模式** 鈕，影片播放器的大小會依照瀏覽器視窗的可用空間而自動調整為較大尺寸的播放器。

02 於影片播放畫面，按下方控制列 ▣ **全螢幕** 鈕，會以全螢幕模式播放，按 Esc 鍵即可離開。

播放 HD 高品質影片

YouTube 為了讓影片在電腦上呈現最佳觀看狀態，會依據該影片上傳的原始檔提供標準畫質 (如：240P 或 360P) 到高畫質 (720p 或 1080p)，使用者可以根據自己的網路頻寬來調整影片觀看品質。

於影片播放畫面按控制列 ⚙ **設定** 鈕，以下面這個範例來說，清單中選擇 **畫質 \ 1080pHD**，即可觀看擁有 HD 高畫質的影片。

看外國影片自動幫你加上中文字幕

想要線上觀看喜愛產品的發表會，卻完全聽不懂，一整個就是鴨子聽雷！沒關係，YouTube 貼心為您準備字幕翻譯功能，讓您瞭解外文影片內容。

01 於影片播放畫面 (此範例示範 https://goo.gl/B1Vfuk)，按一下控制列 字幕 鈕，影片馬上出現預設的字幕。

02 如果要翻譯字幕，可按一下控制列 設定 鈕，選按 字幕 清單鈕 \ 自動翻譯。

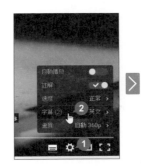

03 在清單中選按您想翻譯的語言，原先影片中的英文字幕即可變更為您所指定的語言了。

小提示 使用語音方式辨識並產生字幕

在 設定 鈕的 字幕 清單中如果選按 英文 (自動產生)，則 YouTube 會自動聽取影片中的語音去辨識，然後產生字幕，只是並非所有影片皆有字幕或是支援語音辨識功能，如果控制列上沒有 鈕，表示該影片不提供字幕服務的功能。

將 YouTube 自動播放功能關閉

TIPS 174

在 YouTube 看影片時預設會在該影片播放完畢後，自動再播放下一部推薦的相關影片，若不希望如此，可以用手動的方式將這功能關閉。

01 於影片播放畫面在右側可看到 **自動播放** 功能，預設為開啟狀態。(若為開啟狀態，**即將播放** 清單中的影片就會接續進行播放)

02 在 **自動播放** 功能為開啟的狀態下，當影片播放完畢，會出現 **即將播放** 與 **取消** 的畫面，但這個設定只有幾秒鐘的時間，若沒有立即按 **取消**，就會自動繼續播放下一部影片。

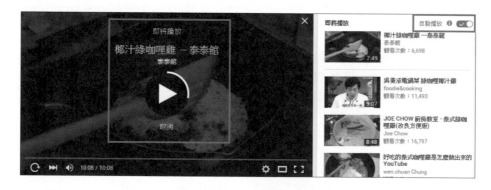

03 若是每次要等影片播放完畢才能取消 **自動播放** 設定，這樣顯得過於麻煩，只要在影片播放畫面右側 **自動播放** 功能 ⬤▭ 圖示按一下，變更為 ▭⬤ 圖示關閉此功能即可，以後影片播放完畢，就會停在最後的畫面。

TIPS 175

訂閱喜愛的影片頻道

若是喜歡某位明星分享的影片，可以直接訂閱對方的頻道，一旦有新的影片就會自動在首頁出現通知。

01 在 YouTube 畫面左上角按 ☰ 鈕，清單中選按 **訂閱內容 \ 新增頻道**。(或者也可以選按 **瀏覽頻道**)

02 於 **搜尋頻道** 中輸入關鍵字搜尋並找到喜愛的頻道，再選按 **訂閱** 即可，該頻道相關影片就會出現在 **管理訂閱內容** 項目中，只要選按訂閱項目，即可進入該頁面瀏覽。

TIPS 176 影片稍後觀看，精彩畫面不怕錯過！

影片正好看但要趕著出門辦事情，這時該怎麼辦呢？**稍後觀看** 功能可將想看的影片先儲存在播放清單，等有空時再來欣賞這些影片。

01 影片看到一半，可在影片播放畫面選按下方 **新增至**，清單中核選 **稍後觀看**。

若是搜尋到等一下想看的影片，可在影片縮圖右下角選按 🕒 **稍後觀看**，呈現打勾狀即可將影片加入稍後觀看的播放清單中。

02 當有時間可重新觀看時，只要在 YouTube 畫面左上角按 ☰ 鈕選按 **稍後觀看**，即可看到尚未觀看完畢的影片清單。

TIPS
177

把喜歡的影片加入播放清單

在 YouTube 看到喜歡的影片時,想要一再回味嗎?只要將影片加到播放清單並分門別類,就能隨時觀看這些影片。

01 於影片播放畫面選按下方 **新增至**,清單中選按 **建立新的播放清單**,接著輸入播放清單名稱並設定隱私權狀態,再按 **建立** 鈕。

02 往後如果要於清單中加入相同性質影片時,只要選按 **新增至** 後,再選按播放清單名稱即可。

03 當想觀看此播放清單中的影片時,只要在 YouTube 畫面左上角按 ☰ 鈕,選按 **媒體庫** 中想觀看的清單名稱即可。

TIPS
178

清除 YouTube 觀看與搜尋紀錄

在 YouTube 搜尋或觀看影片的紀錄，預設是會被保留下來，若是不想被其他人看到自己搜尋或觀看內容，可以透過清除紀錄功能加以刪除。

01 在 YouTube 畫面左上角按 ☰ 鈕，清單中選按 **觀看紀錄**。

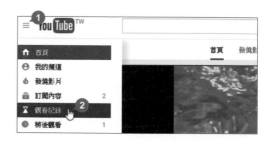

02 進入 **觀看紀錄** 畫面，選按 **清除所有觀看紀錄** 鈕，於確認訊息再按 **清除所有觀看紀錄** 鈕 即可刪除所有觀看紀錄，如果刪除後還看得到紀錄的話，只要重整一下網頁就可以了。(若只要刪除其中一筆觀看紀錄，只要在該紀錄右側按 ☒ 鈕即可)

03 若是要刪除搜尋影片的紀錄，可選按 **搜尋紀錄**，選按 **清除所有搜尋紀錄** 鈕，於確認訊息再按 **清除所有搜尋紀錄** 鈕即可將所有的搜尋紀錄刪除。

小提示 不要顯示觀看紀錄和搜尋紀錄

若是不想保留觀看紀錄和搜尋紀錄，可以分別按 **觀看紀錄** 畫面下的 **暫停追蹤觀看紀錄** 鈕或按 **搜尋紀錄** 畫面下的 **暫停搜尋紀錄功能** 鈕即可。

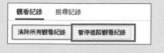 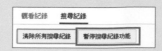

與朋友分享喜歡的影片

想與朋友分享喜愛的影片？！利用 YouTube 預設的分享功能，就能讓您將最愛的影片傳送給朋友。

01 於影片播放畫面，選按下方 **分享**，於 **分享** 標籤選按欲分享的社群圖示，在此示範 **Google+**，輸入留言，指定社交圈後按 **分享** 鈕即可。(根據不同社群服務會有不同的設定，有些可能需先做登入動作)

02 也可以透過寄送電子郵件的方式進行分享，選按 **分享**，於 **電子郵件** 標籤輸入收件者的 E-mail 與想傳達的訊息內容，完成後按 **傳送電子郵件** 鈕即可。

TIPS 180

與朋友分享影片中的精彩片段

若是希望朋友能從影片某個時間點開始瀏覽，可以在要轉貼的 YouTube 網址加上時間控制碼，開啟該網址後就能從指定時間點播放影片內容。

01 於影片播放畫面，利用 **播放** 鈕或拖曳時間軸，選擇要播放的開始畫面 (此例時間點設定 1 分 4 秒)，再選按下方 **分享**。

02 於 **分享** 標籤核選 **開始時間**，右側欄位會顯示目前影片暫停的時間點，而上方 YouTube 網址最後方會加上「**?t=時間點**」，接著只要複製加上時間點的 YouTube 網址，於臉書、電子郵件...等貼上，即可與朋友分享，當朋友開啟網址後，就能從指定時間點播放影片內容。

小提示 為什麼指定時間點後，影片還是從最前面開始播放？

影片即使已指定開始播放畫面的時間點，但若選按 **分享** 標籤下方的社群圖示進行分享，這樣一來影片依然會從最前面進行播放。只有直接複製加上時間點的 YouTube 網址連結至網頁或社群服務平台貼上分享，才會讓影片依指定開始的時間點進行播放。

將相片製作成專屬動態影片

除了用相片記錄生活、旅行中的感動,不妨換個方式,利用 YouTube 將相片集結變成動態影片作品。

01 按畫面右上角 **上傳** 鈕,進入 YouTube 上傳畫面,在右側 **建立影片 \ 相片投影播放** 項目中按 **建立** 鈕。

02 首先需上傳相片素材,選按 **上傳相片**,輸入相簿名稱,按 **選取電腦中的相片** 鈕開啟對話方塊,選擇要上傳的檔案 (可按 Shift 鍵不放多選),再按 **開啟** 鈕開始上傳。

(如果想要使用 Google 相簿中的相片來製作,需先於 Google 相簿中將相片整理至 **相簿**,這樣才能於 YouTube **選取您要加入投影播放的相片** 畫面 **相簿** 標籤內看得到。)

03 上傳完畢，於相片縮圖可以使用拖曳方式調整其前後順序，再於右下角按 **下一步** 鈕。

04 於 **編輯設定** 畫面，設定適合的 **投影片播放時間** (每張相片呈現的時間長度) 與 **轉場效果**，並選擇合適 **音訊** (選按每首背景音樂項目可以試聽音樂)，按 **上傳** 鈕即可完成。

最後再輸入基本資訊與設定影片縮圖，待影片處理完畢後按 **發佈** 鈕即完成製作。

05 當想觀看或分享此影片時，只要在 YouTube 畫面左上角按 ≡ 鈕選按**我的頻道**，在 **上傳的影片(公開)** 項目下，即可看到剛剛上傳的影片 (隱私權為 **公開** 的影片)。(若想瀏覽隱私權為 **非公開** 或 **私人** 的影片時，可於 **我的頻道** 畫面上方選按 **影片管理員**，即可看到上傳的所有影片。)

上傳影片輕鬆分享

YouTube 是目前網路最熱門的影音分享平台,將自製的影片直接上傳就能輕鬆分享至全世界。

YouTube 所支援的影片檔案格式包含 .MOV、.MPEG4、.AVI、.WMV、.FLV、3GPP、.MPEGPS 和 .WebM,若是不符合以上影片格式,建議先進行轉檔。

01 於 YouTube 畫面右上角,按 **上傳** 鈕。

02 於畫面中間設定影片的隱私權後,選按 **選取要上傳的檔案**,開啟對話方塊選擇本機電腦中要上傳的檔案,再按 **開啟** 鈕。(如果想要上傳 Google 相簿中的影片,可選按畫面右側從 **Google 相簿匯入影片** 下方的 **匯入** 鈕)

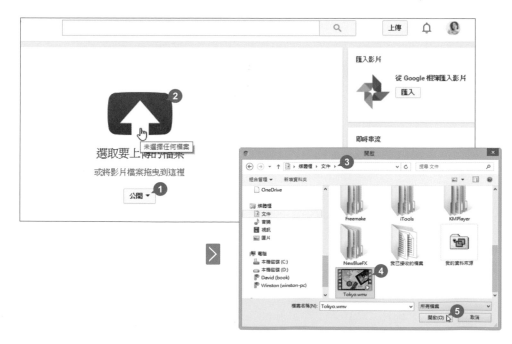

03 在檔案上傳中，可著手輸入影片基本資訊 (**進階設定** 標籤中可設定更詳細的資訊)。

04 當影片處理完畢後，在下方可設定影片縮圖，再按 **發佈** 鈕，就完成影片上傳的動作。

05 想觀看上傳的影片時，只要在 YouTube 畫面左上角按 ☰ 鈕選按 **我的頻道**，在 **上傳的影片(公開)** 項目下，即可看到剛剛上傳的影片 (隱私權為 **公開** 的影片)。(若想瀏覽隱私權為 **非公開** 或 **私人** 的影片時，可於 **我的頻道** 畫面上方選按 **影片管理員**，即可看到上傳的所有影片。)

上傳超過 15 分鐘的影片

YouTube 預設上傳的影片時間長度限制為 15 分鐘，若想上傳超過此時間長度的影片，可利用 **放寬限制** 功能，即可上傳較大的檔案。

01 於 YouTube 畫面右上角按 **上傳** 鈕，進入上傳的畫面，在下方 **說明和建議** 項目選按 **放寬限制**。(若您的畫面中沒有出現此項目，表示已設定了放寬限制，可選按 YouTube 畫面右上角帳戶圖像縮圖 \ **創作者工作室**，再選按畫面左側 **頻道 \ 狀態與功能**，可看到已核選 **您現在可以上傳長度超過15分鐘的影片。**)

02 進入 **帳戶驗證** 設定畫面，選取所在的國家/地區、核選 **透過簡訊傳送驗證碼給我**、輸入有效的行動電話號碼，再按 **提交** 鈕取得驗證碼簡訊。

03 這時手機會收到傳送驗證碼的簡訊，輸入驗證碼後，再按 **提交** 鈕進行驗證，完成驗證就可以上傳長度超過 15 分鐘的影片。(這樣一來可上傳的檔案大小上限是 128GB，影片長度上限是 11 個小時。)

強化上傳影片的品質

在天候不理想、手持晃動或室內光線不佳的狀況下拍攝的影片,可在 YouTube 中利用 **編輯** 中的 **強化** 功能來修正或加強影片播放的效果。

01 進入 YouTube 首頁,選按右上角 帳戶圖像縮圖,清單中按 **創作者 工作室** 鈕。

02 進入 **創作者工作室** 畫面,選按 **影片管理員 \ 影片**,在要編修的影片右側選按 **編輯** 清單鈕 \ **強化**。

03 於編輯畫面可進行影片的 **自動修正、穩定、調整亮度、對比**...等設定,設定 完成後按 **儲存** 鈕即可。

為上傳的影片搭配背景音樂

TIPS **185**

上傳的影片沒有配個音樂似乎有些單調，即使不懂編曲也沒關係，
YouTube 線上提供了許多背景音樂，可輕鬆套用。

01 進入 YouTube 首頁，選按右上角
帳戶圖像縮圖，清單中按 **創作者
工作室** 鈕。

02 進入 **創作者工作室** 畫面，選按 **影片管理員 \ 影片**，於要加入背景音樂的影片右
側選按 **編輯** 清單鈕 \ **音軌**。

03 於編輯畫面，選按合適的背景音樂試聽與套用，完成後按 **儲存** 鈕即可。

TIPS 186

為上傳的影片添加註解

為上傳的影片增加一些文字註解，可豐富影片的內容，但建議一次只出現一個註解且使用中性的顏色，才不會分散瀏覽者的注意力。

01 進入 YouTube 首頁，選按右上角帳戶圖像縮圖，清單中按 **創作者工作室** 鈕。

02 進入 **創作者工作室** 畫面，選按 **影片管理員 \ 影片**，在要加入註解的影片右側選按 **編輯** 清單鈕 \ **註解**。

03 於編輯畫面，選按 **新增註解** 鈕，清單中挑選合適的註解樣式，再針對該註解樣式與屬性進行設定，接著輸入註解文字後按 **套用變更** 鈕即可。

為上傳的影片製作字幕

TIPS 187

為了讓瀏覽者可以更清楚影片所呈現的內容，加上字幕是最好的方式，字幕與一般文字不太相同，需固定在影片下方，建議以黑底白色方式呈現。

YouTube 可以上傳字幕檔或在線上直接建立字幕，字幕檔案可支援 *.srt 與 *.txt 二種檔案格式，字幕檔 (*.txt) 裡需包含文字與時間碼，時間碼是設定每一行字幕出現與結束的時間，建議字幕檔存成 UTF-8 編碼，避免播放影片時出現亂碼。

01 進入 YouTube 首頁，選按右上角帳戶圖像縮圖，清單中按 **創作者工作室** 鈕，選按 **影片管理員 \ 影片**。在要加入字幕的影片右側選按 **編輯** 清單鈕 \ **字幕**。

02 於編輯畫面選按 **選擇語言** 選擇合適的語言，按 **設定語言** 鈕，再選按 **新增字幕 \ 中文 (台灣)**，接著可依需求選擇合適的方式為該影片增加字幕，在此選按 **建立新字幕**。

 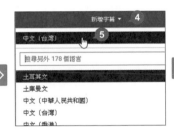 

03 將時間軸指標移至欲增加字幕處，接著於右側欄位輸入相關文字內容後，按 **+** 鈕即可加入字幕。於播放內容畫面下方可以調整字幕方塊的開始與結束時間，完成後再播放一次即可在畫面中看到剛剛加入的字幕內容。

放送 YouTube 現場直播

TIPS 188

不論是開會討論、演唱會、參與活動...等，只要透過 YouTube 現場直播功能，不需特別的軟體就可以將活動內容立即直播上網。

01 進入 YouTube 上傳畫面，在右側 **即時串流** 項目中按 **開始直播** 鈕，如果是第一次使用 YouTube 直播，選按 **開始使用**，閱讀完修款及細則後，按 **我同意** 鈕。

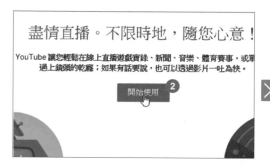

02 選按 **即時串流 \ 活動**，第一次可以選按 **建立現場直播活動** 鈕 (之後再度發起的直播活動就按 **新增現場直播** 鈕)，輸入直播標題、設定時間、地點、說明內容，這裡透過權限及分享空間的設定，讓影片可以在指定的社群中 (此範例核選 Google+) 執行公開的直播活動，接著再按 **立即直播** 鈕。

03 在準備開始視窗中按 **確定** 鈕，開始播送前檢查一下相關設備與設定，選按 ⚙ **設定** 鈕，於設定畫面中確認攝影機、麥克風、聲音...等項目的設定是否正確，沒問題後按 **儲存** 鈕。

04 於開啟的畫面下方，按 **開始播送** 鈕，首次使用會出現攝影機和麥克風授權的要求，按 **允許** 鈕，再按 **確定** 鈕，開始錄製與播放直播畫面。

05 若是要結束直播，按 **停止播送** 鈕即可。當您切換至 Google+ 的畫面時，就可以看到剛剛建立的直播影片已公開在上面。另外在 YouTube 畫面左上角按 ☰ 鈕，清單中選按 **我的頻道**，剛剛建立的直播影片也會出現在 **上傳的影片** 項目中。

YouTube 在行動裝置上的應用

TIPS 189

不管是在電腦或行動裝置使用 YouTube，只要以同一組帳號登入，所瀏覽的記錄、訂閱頻道...等資料都會同步變更。

本 TIPS 是以 Android 系統示範，預設已經內建了 **YouTube** 應用程式，如果您的設備中無此應用程式時，請自行至 **Google Play** 商店中搜尋並安裝。

訂閱熱門影片頻道

請先於行動裝置上選按 ▶ YouTube 圖示，開啟 YouTube 應用程式。

01 確認已登入帳號後，在 YouTube 首頁上方選按 🔥，進入 **發燒影片** 畫面，接著會列出許多熱門頻道供選擇，按右上角 🔍，輸入關鍵字可進行頻道的搜尋，選按想要訂閱的頻道。

 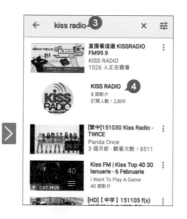

02 只要按 **訂閱**，即可完成這個頻道的訂閱。之後要觀看訂閱的項目，可於 YouTube 首頁上方選按 ▣，進入 **訂閱內容** 畫面，即可看到目前訂閱的內容。

將影片新增至 "稍後觀看" 與 "播放清單"

於播放畫面上按一下即可出現選項，選按上方 ▤ 圖示，在 **將影片加入** 清單中選按欲加入的項目之後，於 YouTube 首頁上方選按 ▦ ，進入 **帳戶** 畫面，在 **稍後觀看** 與下方的播放清單中即可看到加入的影片。

將行動裝置拍攝的影片上傳 YouTube

由於行動裝置體積輕巧，鏡頭畫素也愈來愈高，使用起來非常方便，讓您可以馬上拍立即上傳到網路與朋友分享。

01 在 **首頁** 畫面，右下角按 ⬆，選按欲上傳的影片檔，輸入 **標題** 與 **說明**、設定 **隱私權**。

02 輸入完影片詳細資訊後，點一下上方影片選按右上角 ✦ 圖示，在影片下方特效區向左滑動，可挑選合適的影片特效套用。

03 選按左上角 🎵 圖示，進入 **新增音樂** 畫面，按音樂素材上 ▶ 圖示可試聽，按 ➕ 圖示即可為影片加上該音樂，完成設定後再於畫面上方按 ➤ 圖示即可將影片上傳。

分享影片至社交網路

不論是自己上傳的影片或 YouTube 上的任一則影片，於其播放畫面上按一下出現選項，選按上方 ➦ 圖示，接著再選按分享影片的方式 (社群或電子郵件...均可)，在此示範分享至 Google+，完成登入並輸入相關訊息後，按 ➤ 圖示即可。

用電視看 YouTube 影片

若要將行動裝置 YouTube 畫面投射到電視上，可透過 Google Chromecast 媒體串流
裝置。

01 將 Google Chromecast 媒體串流裝置插入電
視的 HDMI 通訊埠，供電端插入 USB 埠，再
將電視切換至相關 HDMI 頻道。

接著再將行動裝置安裝 Chromecast 應用程式
後，進入應用程式，設定 Chromecast，透過
Wi-Fi 連至 Chromecast 熱點，並與電視進行
配對。

02 配對完成後，於行動裝置開啟 YouTube 應用程式，在 **首頁** 選按上方 🔲 圖
示，選擇連線的裝置顯示器。

03 選擇要播放的影片，再按一下 **播放**，這時影片內容就會自動投射到電視螢幕中
進行播放。

將行動裝置變身為 YouTube 的電視遙控器

當透過 Google Chromecast 於電視觀看行動裝置上的 YouTube 影片時，行動裝置會馬上變成電視的遙控器，於行動裝置選按畫面中間 ⏸ 或 ▶ 可以暫停或播放影片，而影片播放的進度則可以藉由下方的控制列進行調整。

小提示 利用智慧型連網電視看 YouTube 影片內容

除了上述使用行動裝置將 YouTube 畫面投射到電視上的方式外，還可以利用智慧型連網電視 (內含 YouTube 應用程式)，讓行動裝置傳送 YouTube 影片給已配對的電視。

先在電視開啟 YouTube 應用程式，切換到 **設定**，再選擇 **配對裝置**，會出現配對碼。

然後於行動裝置 YouTube 應用程式中，選按 ⋮ \ **設定** \ **連線至電視** \ **新增電視**，在 **新增電視** 畫面輸入電視上顯示的裝置配對碼，再按 **新增** 鈕，就能讓行動裝置與電視上的 YouTube 配對成功，即可利用電視螢幕來觀看 YouTube 的影片。

Google 相簿
高畫質無上限備份與分享相片

Google 相簿可存放您手機、電腦..等裝置中的相片、影片，除了瀏覽與管理的基本
功能以外，還可以進行編修並挑選相片串成一個個美麗的回憶。

Google 相簿服務

TIPS 190

Google 相簿可以美化相片和分享，更能妥善整理相片，與親朋好友共享相簿，整合大家所拍的相片。

01 開啟 Chrome 瀏覽器連結至 Google 首頁 (https://www.google.com.tw)，確認已登入 Google 帳號後，選按 ▦ **Google 應用程式** 中的 **相片**。(若找不到可按 **更多**)

02 進入 Google 相簿主畫面後，會看到 Google 雲端硬碟中或許已經儲存了之前上傳的相片檔案，且會依月份整理。

將雲端硬碟中的相片納入管理

TIPS 191

預設情況下，存放在雲端硬碟裡的相片檔案不會顯示在 Google 相簿主畫面中，但可以於 Google 相簿的設定中要求管理雲端硬碟裡的相片檔案。

將滑鼠指標移至 Google 相簿主畫面左側按 ☰ **主選單** 鈕會開啟清單，選按 **設定** 開啟畫面，接著於 **Google 雲端硬碟** 項目中右側按一下開啟，就可於 Google 相簿畫面中管理所有相片檔案。

設定完成後，再於左側按 ▣ **相片** 鈕，即可回到 Google 相簿主畫面。

TIPS 192

高畫質無限上傳電腦中的相片、影片

Google 提供了免費的 15GB 儲存空間，可以上傳 **原尺寸** 的相片或影片；如果擔心空間問題，也可以選擇 **高畫質** 的上傳尺寸，如此即可上傳電腦中的相片檔案到 Google 相簿，雲端備份不用再擔心容量問題。

01 將滑鼠指標移至 Google 相簿主畫面左側按 ☰ **主選單** 鈕會開啟清單，選按 **設定** 開啟畫面，可設定想要上傳相片的尺寸品質。

如果是使用手機或傻瓜相機 (1600 萬像素以下、1080p 影片)，則建議使用 **高畫質** 選項，雖然實測後發現檔案大小還是有些微被壓縮，但像素與解析度不變，適用於一般的列印與分享；如果核選 **原尺寸**，則會完整的上傳該相片和影片並會佔用雲端硬碟的儲存空間。

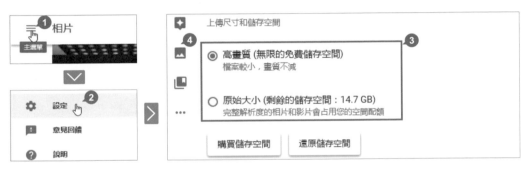

設定完成後，再於左側按 ▣ **相片** 鈕，即可回到 Google 相簿主畫面。

02 於 Google 相簿主畫面上方按 ◙ **上傳相片** 鈕，接著於檔案總管視窗中選取要上傳的相片，按 **開啟** 鈕。(一次可選取多張同時上傳)

03 在畫面左下角會出現上傳的進度,若完成上傳可以按右上角 ⊠ 結束,或是按 **新增到相簿** 鈕利用相簿整理上傳的相片。

>

04 於畫面中選按 **新增相簿**,進入相簿畫面,即可看到上傳的相片,這裡透過相簿的建立,將上傳的相片統整在一起。接著只要將無標題的名稱更改為相簿名稱即完成設定。

>

建立相簿

上傳相片時可以進行新增到相簿的動作，亦或已存在 Google 相簿內的相片，也可以依照不同時間、主題，手動建立一個專屬的相簿。

01 於 Google 相簿主畫面上方按 ⊞ **建立** 鈕，選按 **相簿**。

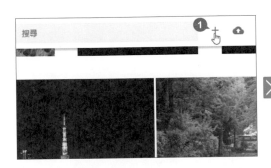 

02 在建立相簿畫面中，於相關日期左側按一下 ✓ 圖示，呈 ✓ 狀，選取當天的所有相片，或者直接在相片左上角圓圈按一下呈 ✓ 狀選取該張相片，再按右上角 **完成** 鈕。

03 再於畫面中無標題的名稱更改為相簿名稱即可，按左上角的 ← ，可回到 **最愛** 主畫面，看到剛剛建立好的相簿。

分享相簿

TIPS 194

旅遊或生活中拍攝的美景相片,利用相簿進行分類後,就能藉由分享相簿功能立即與其他人分享唷!

01 於 Google 相簿主畫面左側按 🔲 **最愛** 鈕進入,從已建立的相簿中先選按要分享的相簿畫面,再選按上方 🔗 **分享** 鈕。

02 選按欲分享的社群服務圖示 (根據不同社群服務,可能需做登入動作),於分享畫面設定 **分享對象** 及輸入文字,最後按 **發佈** 鈕即可。

與朋友共用相簿

Google 相簿新增 **共用相簿** 功能，可以設定與朋友共同編輯一本相簿，將朋友之間共同的相片整合在一起。

01 將滑鼠指標移至 Google 相簿主畫面左側按 ☰ **主選單** 鈕會開啟清單，選按 **共用相簿**。

02 於 **共用相簿** 畫面，選擇一本要與朋友共用的相簿，進入相簿畫面後，在右上角選按 ⋮ **更多選項** 鈕 \ **分享選項**。

03 進入 **分享選項** 畫面，將 **分享相簿** 和 **協同合作** 二個功能設定為開啟，再於 **分享連結** 項目中按 **複製** 鈕複製連結網址，藉此將這連結傳給想要共用相簿的朋友，最後按 ⊠。(開啟 **協同合作** 功能，凡是知道該連結的使用者，都可以在共用的相簿中新增相片和影片。)

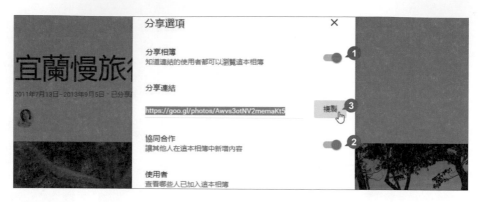

04 當朋友開啟分享的連結網址後，進入共用相簿畫面左下角會出現通知的訊息，選按 **加入** 鈕，在相簿名稱下方，就會出現自己與朋友的大頭貼圖示。

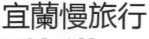

05 這時朋友就可以新增相片了，朋友可於開啟的相簿畫面中選按 🔲 **新增到相簿** 鈕。

在要加入共用相簿的相片左上角圓圈按一下呈 ✅ 狀，再按 **完成** 鈕，回到相簿畫面會看到相片左下角標示了自己和朋友的名字，這樣就能清楚知道相片由誰上傳。(若朋友相簿中沒有相片，必須先上傳相片才能將相片新增至相簿)

06 若是朋友有上傳新的相片，在自己的 Google 相簿畫面右上角，會出現通知訊息，按一下 **Google 通知** 就可以在清單中看到相關的訊息。

小提示 停止協同合作功能與共用相簿的設定

若只想讓朋友純粹瀏覽相簿內容,而不能新增相片,可進入相簿的畫面,再於畫面右上角選按 **⋮ 更多選項** 鈕 \ **分享選項**。進入 **分享選項** 畫面,關閉 **協同合作** 設定即可。

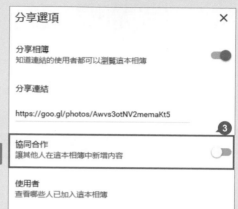

若是要停用分享相簿的設定,進入 **分享選項** 畫面,關閉 **分享相簿** 設定,再選按 **停止共用** 鈕即可。

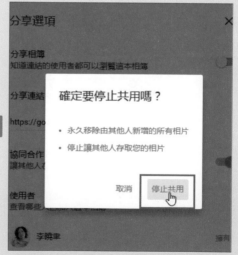

變更相簿封面

上傳相片後會依拍攝時間及檔案名稱排列，並隨機挑選一張相片做為相簿的封面，如果想要變更封面，只要挑選合適的相片進行設定即可。

01 於 Google 相簿主畫面左側選按 🔲 **最愛** 鈕，選按要調整的相簿，並挑選要成為相簿封面的相片。

02 進入相片畫面，於右上角選按 **⋮ 更多選項** 鈕 \ **設為相簿封面**，回到 **最愛** 畫面即可看到該相簿封面已完成變更。

TIPS 197

將相片移動到指定相簿

在 Google 相簿中面對所有上傳在此的相片，可以再手動分類到新相簿或已建立的相簿中，如此一來就更方便之後進行分享與展示。

01 在要移動的相片左上角圓圈按一下呈 ✓ 狀，接著在上方按 ➕ **新增至** 鈕，選按 **相簿**。(可一次選取多張相片進行移動)

02 在畫面中選取要移動至的相簿，等待上傳完畢，在畫面左下角選按 **查看**，即可進入該相簿瀏覽其中的相片。

也可以在畫面左側選按 ▣ **最愛** 鈕，選取剛剛指定 "新增至" 的相簿，即可進入該相簿瀏覽其中的相片。

為相片套用濾鏡與編輯

TIPS 198

Google 線上相片編輯模式中提供了 **基本調整、色彩濾鏡、裁剪及旋轉** 多種功能，透過不同效果的套用，讓相片呈現不一樣的風情。

01 於 Google 相簿主畫面左側選按 🖼 **相片** 鈕，選擇要編輯的相片，開啟全螢幕瀏覽模式後，在右上角選按 ✏ **編輯** 鈕進入編輯模式。

02 於畫面右側選按 🔲 **色彩濾鏡** 鈕，會出現調整的窗格提供了多種不同的濾鏡效果，選按其中一種效果後，拖曳滑桿可調整濾鏡的效果強度，而在左側畫面可直接看到套用後的結果。

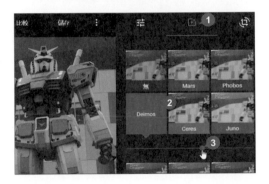

03 於畫面右側選按 🔲 **裁剪及旋轉** 鈕，可進入畫面進行相片的裁剪與旋轉，調整完後，可按右下角 ✓ 鈕，再按 **儲存** 即可完成設定。

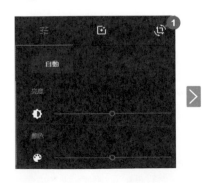

TIPS 199　自訂相片後製效果

除了內建全自動的調整效果或是創意調整之外，也可以針對 **亮度**、**顏色**、**流行**、**暈影**...等設定一一手動調整。

在相片的編輯模式，於畫面右側選按 ▦ **基本調整** 鈕，右側的每個設定項目中皆可透過拖曳滑桿的方式來調整效果強度，操作時可以直接在左側看到套用後的成果，之後按 **儲存** 就完成自訂相片效果的調整。

TIPS 200　特效套用前後的比較與還原效果

調整相片時可比較與原始相片與目前的差異性，檢視套用後的效果是否滿意，如果不滿意還可以讓效果全部還原重新調整。

於相片編輯畫面中按住 **比較**，畫面下方會看到原始未套用效果的相片，只要放開滑鼠左鍵就會回到已套用效果的相片，如果覺得套用的效果不滿意時可以選按 ▮ **更多選項** 鈕 \ **還原**，就可以取消所有套用的效果了。

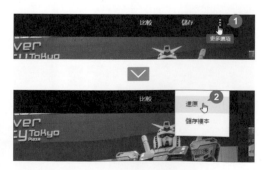

為相片建立動畫效果

生活中一些連拍相片，利用 Google 相簿的 **動畫** 效果，就能製作出有趣的動態圖片，令人為之驚豔！

01 於 Google 相簿主畫面上方選按 ⊞ **建立** 鈕 \ **動畫**。

02 在要製作動畫的相片左上角圓圈按一下呈 ✅ 狀，選取好後，再按 **建立** 鈕，會自動完成動畫相片效果。

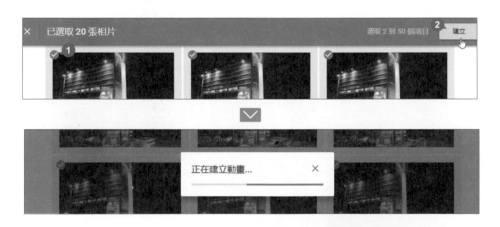

03 完成之後，可以將動畫相片新增至相簿、下載、或者進行分享。(製作完成的動畫會存放在剛剛選取的相片中，最近期相片的左側。)

TIPS 202

為相片製作美術拼貼效果

拼貼式的相片是時下流行的貼圖效果，將生活中拍攝的相片拼貼成一張相片，發揮簡單創意，一次就可以瀏覽多張相片。

01 於 Google 相簿主畫面在上方選按 ⊞ **建立** 鈕 \ **美術拼貼**。

02 在要製作拼貼相片的左上角圓圈按一下呈 ✓ 狀 (一次可選取 2 至 9 張相片)，選取好後，再按 **建立** 鈕，即會自動完成拼貼相片效果。

03 完成之後，可以將拼貼相片進行編輯、新增至相簿、下載、或者與朋友分享。(製作完成的美術拼貼會存放在剛剛選取的相片中，最近期相片的左側。)

刪除相簿與拯救誤刪的相片

TIPS 203

在 Google 相簿中刪除整本相簿會直接刪除，無法像資源回收筒一樣進行還原，所以刪除前請先確認再動作；若不小心誤刪相片，則可以在限制的時間內將它還原。

01 於 Google 相簿主畫面左側選按 🖼 **最愛** 鈕，選取要刪除的相簿，進入該本相簿內。

02 在畫面右上角選按 ⋮ **更多選項** 鈕 \ **刪除相簿**，再按 **刪除** 鈕即可刪除整本相簿。(若該相簿曾與他人分享，即會永久移除由他人新增的相片，但自己的相片仍會保留在相片庫中)

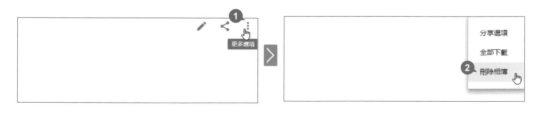

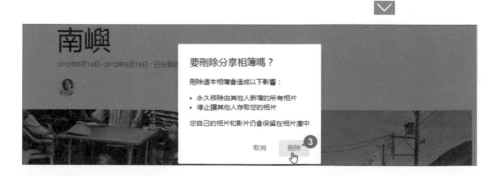

03 若要刪除相片，於 Google 相簿主畫面左側選按 ▦ **相片** 鈕，在要刪除的相片左上角圓圈按一下呈 ✓ 狀，接著在右上角按 🗑 **刪除** 鈕，再按 **移除** 鈕，就可以刪除相片。(刪除的相片會先移至垃圾桶中)

小提示 還原誤刪的相片或清空垃圾桶

於 Google 相簿主畫面左側選按 ≡ **主選單** 鈕開啟清單，選按 **垃圾桶** 開啟畫面，雖然垃圾桶會保留刪除相片，但保留時間只有 60 天後，逾期還是會被 Google 永久刪除，如果要手動刪除可以直接選取相片後，選按 🗑 圖示，即可永久刪除選取項目。(若有誤刪的相片，在要還原的相片左上角圓圈按一下呈 ✓ 狀，右上角選按 ↻ **還原** 鈕即可)

自動備份同步電腦中的相片

喜歡透過拍照記錄生活,但是沒那麼多時間整理照片時,Google 相簿可以自動幫您把手機、電腦中的相片全部自動上傳到 Google 相簿,而且上傳的相片更會依據日期分類,在此先就存放在電腦中的相片自動備份同步的方式說明。

01 於 Google 相簿主畫面左側按 ☰ **主選單** 鈕會開啟清單,選按 **應用程式下載** 開啟畫面。

02 選按 **下載** 鈕,下載完成後於瀏覽器畫面下方會看到已完成下載的檔案,按清單鈕 \ **開啟**,即開始安裝。

03 待安裝完成後會出現要求重新啟動電腦的訊息,請按 **關閉** 鈕並重新啟動電腦。(如果沒出現此訊息也請重新啟動電腦)

04 重新啟動電腦後，會出現自動備份對話方塊，按 **繼續** 鈕，進入 Google 登入畫面，這時需輸入自己的Google 帳戶密碼，再按 **登入** 鈕登入。

05 選擇電腦中要備份的來源 (按 **新增** 鈕可以再選擇其他備份來源)，再設定合適的相片尺寸，按 **開始備份** 鈕，進行備份。

06 進行備份時，若是想 **暫停備份**、**瀏覽已上傳的相片**...等設定，可以在右下角語言工具列 按 🖼 **顯示隱藏圖示** 鈕，開啟小視窗在 🔄 **Google 相簿** 圖示上按一下滑鼠右鍵，即可進行相關設定。

Google 相簿在行動裝置上的應用

TIPS **205**

Google 相簿 行動版可以隨拍隨傳，簡單的美化相片，將相片做成故事輯...等，讓您即時分享生活的足跡。

本 TIPS 是以 Android 系統示範，預設已經內建了 **Google 相簿** 應用程式，如果您的設備中無此應用程式時，請自行至 **Google Play** 商店中搜尋並安裝。

登入行動版 Google 相簿應用程式並指定自動備份相片影片

請先於行動裝置上選按 **Google 相簿** 圖示，開啟 Google 相簿應用程式。

一開始在歡迎畫面按 **開始使用** 鈕，在 **備份您的相片和影片** 畫面已自動關啟了 **備份與同步處理** 的設定，按 **繼續**，接著要決定備份的相片尺寸與品質 (可參考 P.277 相關說明)，設定好後，再按 **繼續**，接著進入說明畫面後即可使用。

取消相片備份的功能

雖然自動備份行動裝置中的相片至雲端只有您本人可以看到，但若擔心相片外流，可以手動取消備份的功能。

於 **相片** 畫面左上角按 圖示，開啟清單選按 **設定**，按 **備份與同步處理** 進入設定畫面，於 **備份** 設定畫面，將 **開啟** 設定為關閉狀態取消此功能。(往後如果要上傳相片時，只要再打開 **備份** 功能即可。)

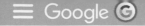

設定備份的時機

若行動裝置的行動資費方案為網路吃到飽，可以設定為隨時自動執行備份；若不是則建議設定為只有 Wi-Fi 連網時才執行自動備份，然而使用 Wi-Fi 備份會特別耗電，因此也可以設定只有在充電情況下才備份裝置中的相片。

於 **相片** 畫面左上角按 ☰ 圖示，開啟清單選按 **設定**，按 **備份與同步處理** 進入設定畫面，於下方 **備份設定** 設定 **僅限充電時** 為開啟狀態，另外在 **備份設定** 選按 **備份相片** 設定為 **僅透過 Wi-Fi** 時才能進行備份。

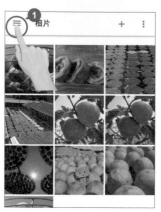

設定上傳尺寸

執行自動備份時可以依儲存空間的考量指定上傳相片的尺寸與品質，於 **相片** 畫面左上角按 ☰ 圖示，開啟清單選按 **設定**，按 **備份與同步處理** 進入設定畫面，於 **備份** 設定畫面，按一下 **上傳尺寸**，即可設定 **高畫質** 或 **原始版本** 上傳尺寸。

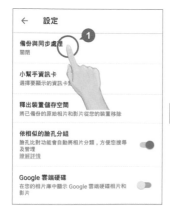

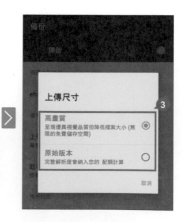

變身為強大的影像編輯器

想提升相片的質感，可以利用 **相簿** 內建的編修功能設計出好看的相片。

01 於 **相片** 畫面可瀏覽雲端與本機相片，選按欲編修相片，在全畫面狀態於下方選按 ✍ 圖示進入編輯模式，首先示範相片的裁剪，選按 ⬜ **裁剪** 圖示。

02 接著用手指拖曳裁切框四個角落的控制點將相片裁切至合適的大小後，於下方拖曳上下三角形圖示，可調整相片角度 (也可以直接按 ↺ 圖示)，按右下角 ✅ 圖示，完成裁剪動作。

03 接著選按 🎚 **基本調整** 圖示,可套用內建的調整效果,也可針對相片進行亮度、色彩...等創意調整;而選按 🔲 **色彩濾鏡** 圖示,可套用合適的色彩濾鏡效果,拖曳下方滑桿可調整效果強度。二項設定完成後,只要按右下角 ☑ 圖示,再按 **儲存** 即可完成調整相片的動作。

將編輯過的相片還原為原本狀態

如果不滿意編修後的效果,在還沒有按 **儲存** 之前,可以將相片還原為尚未修改前的樣子,按右上角 ⋮ 圖示 \ **恢復原始狀態**,即可移除所有變更,還原為初始狀態。

建立相簿並發佈

上傳了很多張不同主題的相片，可以利用建立相簿的方式將相片一一歸類，方便觀看、分享與尋找。

01 於 **相片** 主畫面右上角按 ⋮ 圖示 \ **選取**，開始選按要放置於同一相簿的相片縮圖，再按上方 ➕ 圖示，按 **新建** \ **相簿**，輸入相簿名稱後，於空白處按一下完成。

02 於相簿畫面按左上角 ← 圖示進入 **集錦** 畫面，選按 **集錦** \ **相簿**，於 **相簿** 畫面即可看到剛剛新增的相簿縮圖，按一下進入該相簿後，按上方 ◁ 圖示，再選按想要分享的方式 (社群服務)，最後依畫面指定完成貼文動作後即可發佈這本相簿內容。

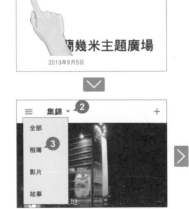  

將相片製作成動態影片

挑選相關的相片和影片，一瞬間就能製作出具有設計感的音樂動態影片。

01 於 **相片** 主畫面右上角按 ⊞ 圖示，選按 **影片**，選取要製作的相片後，於右上角按 **建立**，接著輸入影片名稱，應用程式就會自動完成影片的製作。

02 若是不喜歡 Google 自動套用的影片特效，按下方 🖼 圖示，可挑選喜愛的影片特效進行套用，完成後再按 ✅ 圖示即可。

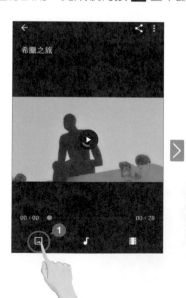 

03 除了可以更改影片特效外，也可以挑選合適的配樂，按下方 🎵 圖示，進入配樂畫面，每個分類都提供許多配樂，您可先試聽挑選喜愛的配樂後，再按 ☑ 圖示即可。

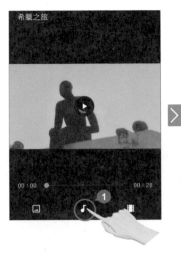
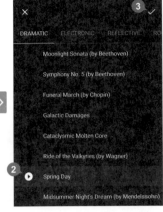

04 按下方 🎞 圖示，可進入刪除不要的相片，選取要刪除相片後，按 🗑 圖示，再按 ☑ 圖示即可。

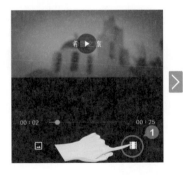

05 影片設定完成後，右上角選按 ⬦ 圖示，再選按想要分享的方式 (社群服務)，完成貼文動作後即可發佈動態影片內容。

將相片製作成故事輯

Google 相簿中 **故事** 功能，可以將上傳的相片自動串成精彩的故事輯，Google 相簿也會不定時地將之前上傳相片自動建立故事輯，這些關於生活或旅行的精彩故事，不但可修改內容、相片，還可以分享給朋友。

01 於 **相片** 主畫面右上角按 ⊞ 圖示，選按 **故事**，選取要製作的相片後，於右上角按 **建立**，接著應用程式就會自動完成故事的製作。(如果是 Google 相簿自動建立的故事輯，當中產生的相片即是從 Google 相簿該相關時間點隨機挑選)

02 完成後向左滑動可瀏覽故事輯的呈現效果，相片周圍有設計 **新增說明** 的選項時，只要按一下，即可為該張相片加入相關說明。

若是還要另外新增相片至故事輯，可選按 📥 圖示，選取其他精彩片段的相片，完成後再按 ☑ 圖示即可。

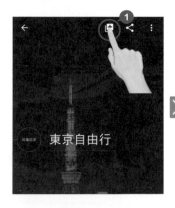

04 編輯完成後，在故事輯最後一頁，右下角選按 ⟨ 圖示，再選按想要分享的方式 (社群服務)，完成貼文動作後即可發佈故事輯內容。

運用關鍵字快速找到舊相片

如果要找以前拍的舊相片，只要按右下角 🔍 圖示，再輸入關鍵字搜尋，即會自動找出最符合關鍵字的相簿或相片。

用電視看 Google 相簿中的相片或影片

若要將行動裝置 Google 相簿中的相片或影片畫面投射到電視上，可透過 Google Chromecast 媒體串流裝置。

01 將 Google Chromecast 媒體串流裝置插入電視的 HDMI 通訊埠，供電端插入 USB 埠，再將電視切換至相關 HDMI 頻道。

接著再將行動裝置安裝 Chromecast 應用程式後，進入應用程式，設定 Chromecast，透過 Wi-Fi 連至 Chromecast 熱點，並與電視進行配對。

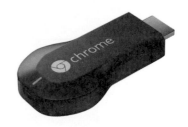

02 配對完成後，於行動裝置開啟 **Google 相簿** 應用程式，在 **相片** 主畫面選按上方 🔲 圖示，選擇連線的裝置顯示器。

03 選擇要播放的相片，這時相片內容就會自動投射到電視螢幕中進行播放，只要在行動裝置左右滑動即可瀏覽上一張或下一張相片。(Google 相簿中的影片也可以播放)

Google Classroom
雲端教室

Google Classroom 是一套可以讓老師節省時間、有效管理課程的 Apps，完全不浪費紙張，而且還提供多項省時省力的功能，促進師生之間的互動。

登入 Google Classroom 雲端教室

師生 TIPS **206**

Google Classroom 是 Google 的免費教學工具，可協助老師快速建立及管理作業，完全不浪費紙張，還可輕鬆與班上學生進行溝通。

01 於網址列輸入「https://classroom.google.com」，按 Enter 鍵連結到 Google Classroom 網站，登入您的 Google Apps for Education 帳號與密碼。

02 登入完成後，於首頁下方選擇使用的身分即完成。(身分選擇完成後即無法自行替換，需由後台管理員重新設定，因此請務必正確選按正確的身分按鈕。)

小提示 無法登入 Google Classroom

目前 Google Classroom 限定使用教育帳號才能登入使用，如果使用一般 Google 帳號時，就會出現以下畫面顯示無法登入狀態，若您是學校老師或學生可與學校連繫，以取得教育帳號。

建立課程

登入 Google Classroom 後,如果您的身分是老師,就可以開始建立屬於您班級學生的第一個課程。

01 於 Google Classroom 主畫面右上角選按 ➕ \ **建立課程**,輸入 **課程名稱** 與 **單元**
說明,按 **建立** 鈕。

02 完成後即會自動進入課程首頁,初次使用時,可以於畫面右下角選按 **開始導覽**
鈕,先簡單瞭解一下介面操作的說明。

師 TIPS
208

重新命名課程

人有失足,馬有亂蹄,總是會有一個不小心打錯字的時候,萬一課程名稱命名錯誤時,還是可以再重新命名的。

01 於左上角選按 ☰ \ **課程** 回到選擇課程的畫面,於要重新命名的課程右上角按 ⋮ \ **重新命名**。

02 重新輸入您想變更的項目名稱,選按 **儲存** 鈕就完成,接著選按課程名稱處即可進入該課程的首頁。

課程首頁封面圖片

預設的首頁封面會使用簡單的圖案，您可以變更它的主題樣式並替換成其他封面相片，或是使用自己拍攝的相片也行。

01 於課程首頁封面右下角選按 **選取主題**，在 **圖庫 \ 圖庫** 項目中選按合適的圖片，再按 **選取課程主題** 鈕。

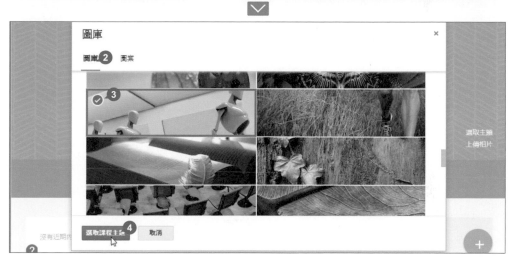

02 這樣就完成封面相片的替換。(如果電腦中有班級上課拍攝的相片時，可以選按 **上傳相片**，將該相片上傳至圖庫後，再選取合適的範圍即可。)

 Google

為課程增加說明與教材

雖然已設定課程名稱，若能再說明一下實際要學習的內容、評分標準或規範，或是放上相關課程表與教材，可以讓學生更瞭解課程。

01 按 **關於** 標籤，在這個畫面可以針對課程內容做更詳細的說明補充，還可以提醒學生該到哪一間教室上課，完成後按 **儲存** 鈕即可。

02 於畫面下方 **新增教材** 欄位先按一下滑鼠左鍵，接著選按想要夾帶教材的方式，可以選擇附加本機檔案、附加 Google 雲端的檔案、YouTube 影片或連結，在此示範附加 Google 雲端硬碟中的檔案。

邀請老師

在 Google 日曆中開啟

新增教材... ❶

標題

❷ 取消 發佈

附加 Google 雲端硬碟項目

03 選取教材檔案後按 **新增** 鈕，再為教材輸入合適的名稱，選按 **發佈** 鈕即完成教材的夾帶。(如果教材上傳錯誤可按右側的 ☒ 加以移除)

04 如果之後想在同一教材主題中新增其他項目時，於該教材右上角按 ⋮ 圖示 \ **編輯**，再選取添加的項目後，選按 **儲存** 鈕即可。

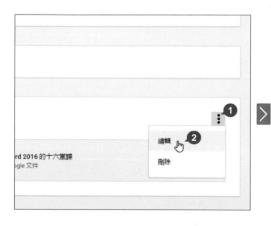

TIPS
211

邀請學生加入課程

準備好所有的課程內容後,接下來就可以邀請學生們加入此課程,開始在 Google Classrom 互動學習。

利用邀請聯絡人方式加入課程

01 按 **學生** 標籤,再按 **邀請** 鈕,於 **選取要邀請的學生 \ 聯絡人** 清單中核選要邀請的學生,再按 **邀請學生** 鈕。

小提示 網上論壇

如果您的學生或是您想邀請的人不在聯絡人清單中時,可以利用 **網上論壇** 中的群組搜尋並邀請即可。

02 接著就等學生收到邀請信件後，選按加入課程的連結開啟 Google Classroom 畫面後，選按 **加入** 鈕即可。

03 最後老師可以於邀請名單中，檢視受邀的學生是否都已加入，若名單右側若仍 出現 "受邀的學生"，則表示該名學生還沒加入課程。

利用課程代碼加入課程

另外一種邀請學生加入課程的方式是使用 **課程代碼**，只要學生輸入這組代碼，就能進 入課程畫面加入課程，詳細操與說明可參考 P.326。(課程代碼會顯示於 **訊息串** 與 **學生** 標籤)

將學生從課程中移除

在邀請時選錯學生名單,或是一些因素導致某位學生無法繼續參加課程,
此時就可以先將該學生移出課程。

按 **學生** 標籤,在學生名單中核選欲移除的學生名稱,選按 **動作** 清單鈕 \ **移除**,最後再
選按 **移除** 鈕即可將該名學生移出該課程。

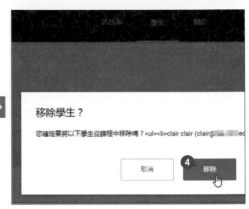

設定與學生的互動權限

於 **訊息串** 標籤中可以與學生就課程中內容討論互動,如果怕學生在留言
板上留下太多不關課程的留言,可以限定學生的互動權限。

於 **學生** 標籤中,老師可以設定要給的權限,像是本範例中希望設定學生只能在公告訊
息串中留言,所以於上方權限清單中選按 **學生只能留言**。

發佈即時公告訊息

如果需要同學早一點到教室報到或是準備課業項目，又或要公告學校訊息時，老師可以於課程首頁發佈所需的訊息。

於 **訊息串** 標籤右下角按一下 ⊕ 圖示選按 🗨 **建立公告**，輸入要公告的文字內容後，按 **發佈** 鈕即可將公告訊息發佈在 **訊息串** 標籤畫面中。

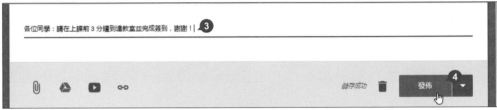

將重要的公告訊息置頂

每發佈一個新的訊息後，舊的訊息就會往下排序，如果需要將最重要的訊息放在第一則，可以利用置頂的功能。

於 **訊息串** 標籤想要置頂的訊息欄右上角按一下 ⋮ 圖示，選按 **移至頂端** 即可將該訊息排序在最上方第一則訊息位置。(但若再發佈新的訊息，則會變成由新的訊息放在第一則)

315

師 **TIPS 216** # 同時於多門課程發佈相同的公告訊息

相信每位老師一定都建立了多個課程，如果今天要在各門課程發佈一條相同的公告訊息，難道要去每個課程都發佈一次嗎？其實不用喔！

依照相同操作方式 **建立公告** 後，輸入要公告的文字內容，按一下課程名稱，接著核選要同時發佈的課程，再按 **發佈** 鈕即完成。

師 **TIPS 217** # 建立作業

透過 Google Classroom 的 **建立作業** 功能，不僅完全不浪費紙張，老師可直接在線上出作業或收作業，還能進行線上評分。

01 於 **訊息串** 標籤，右下角按一下 ⊕ 圖示，選按 🔲 **建立作業**。

02 輸入標題及相關說明，附上相關教材。(如果想將作業指派其他課程的學生，請按一下附件圖旁的課程名稱，然後選擇其他課程即可。)

03 按一下 **繳交期限** 清單鈕選按 📅 圖示，於日曆中選按日期。

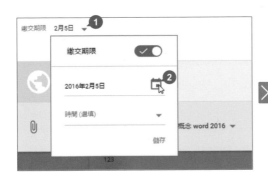 

按一下 **時間(選項)** 右側清單鈕，於出現的時間上再按一下滑鼠左鍵，就可選擇最後的繳交期限時間。

 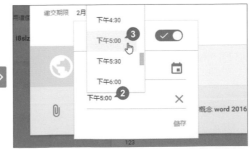

04 最後按 **儲存** 完成繳交期限的指定,再按 **出作業** 鈕即完成建立作業的動作,於 **訊息串** 標籤就可以看到作業的公告訊息,隨後學生便會收到電子郵件通知。

編輯、刪除已發佈的作業

發佈後的作業發現有疏失或是所建立的內容不夠完善時，都可透過再編輯的功能來補充內容或是刪除該作業題目。

若要編輯已出好的作業訊息，可於作業公告訊息欄右上角按一下 ⋮，再選按 **編輯**，即可再次進行作業內容變更，變更好後按一下 **儲存** 鈕即可。

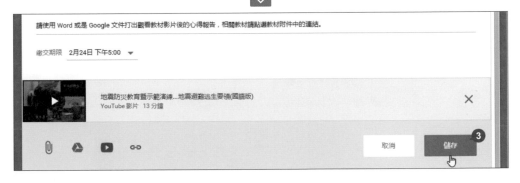

批改、評分與發還作業

當學生繳交作業後，老師就可以在課程畫面中得知繳交進度，並為已繳交作業的學生批改及打分數。

01 老師在 **訊息串** 標籤的作業公告訊息中就可以看到 **已完成** 及 **未完成** 的人數，選按 **已完成** 即可進入批改及打分數的畫面。

02 於 **學生的作業** 標籤左側即可看到哪些同學已繳交，哪些同學尚未繳交作業；右側按一下 **已完成** 可看到學生的作業並可直接查閱學生作業。

03 完成批改作業後，回到 **學生的作業** 標籤即可於左側為學生評分，於該名學生名稱後方按一下 **新增成績**，再輸入分數後，按 Enter 鍵即可。

04 待所有學生作業都繳交完畢並打好分數或是繳交期限已到期後，就可發還作業，於 **私人留言** 輸入鼓勵的話語再按 **發還** 鈕就完成，隨後學生便會收到電子郵件通知。

TIPS 220

自訂作業的最高分數

某些作業給的滿分不一定是 100 分，這時就要針對該份作業的最高分數
重新設定。

01 老師要為學生評分前，先於上方 **100 分** 處按一下滑鼠左鍵，輸入欲設定的最高
分 (如本範例改為 50 分)，按 Enter 鍵，再選按 **更新** 鈕。

02 在評分時，後方的最高數字就會顯示為您剛剛設定的數字。(需要注意的是，雖
然可以設定上限分數，可是實際上評分時是可以超過該上限數字，所以在評分
前務先檢查是否無誤後，再將成績傳送給學生。)

變更成績

作業的分數有時會根據學生表現或是重新更改作業繳交後,再次給予不同的加分,這時就得幫學生變更分數後再發還。

於 **學生的作業** 標籤左側要更改分數的學生成績上按一下滑鼠左鍵,重新輸入分數後按 [Enter] 鍵,即完成成績的變更。

此時會自動核選該名學生,選按 **發還** 鈕,輸入留言後,再按 **發還** 鈕,學生即可收到成績變更的通知。

建立簡答問題

如果今天想出的作業是個簡單的問答題或是選擇題,使用 **建立作業** 似乎有點小題大做,這時用 **建立問題** 就能輕鬆完成一道隨堂作業。

01 於 **訊息串** 標籤右下角按一下 ⊕ 圖示,選按 ❷ 建立問題。

02 與出作業的方式相同，輸入問題、說明內容、設定繳交期限、設定學生權限，接著夾帶附件後，按 **提問** 鈕即完成發問，隨後學生便會收到電子郵件通知。

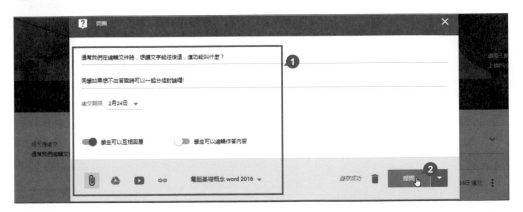

 TIPS **223**

批改、評分與發還簡答問題

簡答問題比較像是個隨堂小考，評分方式與作業評分基本上大同小異，可以在評分時，直接設定上限分數，並立即發還成績。

老師於 **學生的答案** 標籤中看完學生的回答後，設定最高分數與評分，按 **發還** 鈕，再輸入留言，再按 **發還** 鈕即完成評分。

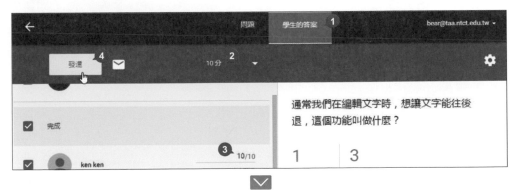

將成績匯出為 Google 試算表或 CSV

師 TIPS 224

在每次段考或期考後，總是要為每位學生統計一下學期成績，傳統的做法是手動輸入每筆資料，但在 Classroom 裡只要按個按鈕就可以完成了。

01 於 **學生的作業** 或 **學生的答案** 標籤右側選按 ⚙，再於清單中選按要匯出的資料。(本例示範 **將所有成績複製到 Google 試算表**)

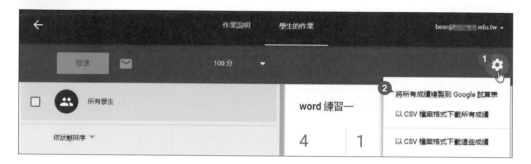

02 接著就會以 **Google 試算表** 直接列出這個課程裡所有的作業成績與平均分數，讓老師們省下更多輸入資料的時間。

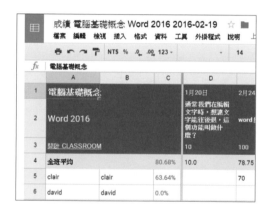

小提示 CSV 檔案格式出現亂碼

習慣使用 Excel 的老師們可以選擇 **以 CSV 檔案格式下載所有成績**，在 Excel 開啟匯出的 CSV 檔案後，應該會發現裡面的中文字都變成了亂碼，此時您可以使用 **檔案總管**，將滑鼠指標移至 CSV 檔上，按一下右鍵選按 **開啟 \ 記事本**，先以 **記事本** 軟體開啟後，接著選按 **檔案 \ 儲存檔案**，之後再以 Excel 開啟該檔案就不會有亂碼的文字出現了。

封存已結束的課程

在學年或學期結束時，老師們可以將課程封存，藉此保存課程教材及所有作業，甚至是課程訊息串中的所有訊息都可以保留。

01 於左上角按 ☰ \ **課程** 回到選擇課程的畫面。

02 按一下欲封存的課程右上角 ⋮ 圖示，選按 **封存**，再按一次 **封存** 鈕確認，即可將該課程完全封存起來。(若需 "查看、還原或刪除已封存的課程" 可參考 P.329)

學生利用代碼加入課程

由老師透過學生登入的帳號邀請學生加入課程是最快的方式，但之前也提到了可以使用課程代碼的方式來讓學生主動加入。

01 由老師先於 **學生** 標籤中複製課程代碼，將滑鼠指標移至 **課程代碼** 右方英數字上，連按二下滑鼠左鍵反白選取後，再按 Ctrl + C 鍵複製。

02 接著利用各種管道的訊息或簡訊轉達給學生們，然後學生在登入 Google Classroom 帳號後，於畫面右上角帳號名稱左側按一下 **+** 號。

03 學生輸入得到的課程代碼後，選按 **加入** 鈕即可立即加入該雲端教室了。

生

TIPS **227**

查看與繳交作業

老師完成作業的建立後,接著就是學生們開始接收,並著手進行作業的完成,最後再將完成的作業繳交給老師。

01 當學生進入自己的課程後,於 **訊息串** 標籤左側即可看到近期作業的提醒,找到相關作業的公告訊息後,按 **開啟** 鈕。(也可直接按左側作業提醒中的提醒項目)

02 接著就可以看到該作業的專屬畫面,如果對該作業有問題時,可以透過 **新增課程留言** 的公開方式來詢問,或是於下方 **新增私人留言** 建立留言,這二個方式均會以 Gmail 將留言傳送給老師。

03 學生可在此利用 **新增** 或是 **建立** 的方式來繳交作業，接著示範直接使用 Google 文件來完成作業，按一下 **建立** 清單鈕，於清單中選按 **文件** 項目，就會產生一空白 Google 文件項目，再按一下該項目開始撰寫作業。

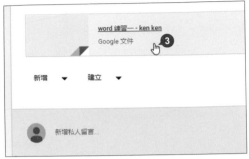

04 於新分頁完成作業的撰寫後，按一下分頁標籤右側 ⊗ **關閉** 鈕，回到作業主畫面後，先按一下 **繳交** 鈕，再選按第二次 **繳交** 鈕確認即完成作業。

(若作業繳交後發現內容不完整，需再補充一下，這時可按該作業項目右下角的 **取消提交**，這樣就可針對該作業進行調整或移除。)

小提示 **上傳由其他軟體完成的作業檔**

目前要直接於 Google 線上建立作業只能透過 **Google 文件、簡報、試算表、繪圖**，如果作業要使用其他軟體才能完成，就要使用 **新增** 的方式繳交作業，可以選擇透過 **Google 雲端硬碟** (檔案已上傳至雲端硬碟) 或是 **檔案** (從電腦上傳至雲端硬碟) 或是 **連結** 三個方式，完成後再按 **繳交** 鈕即可。

查看與繳交簡答問題

老師建立簡答問題後,學生可以於 **訊息串** 上直接回答,老師就可以於線上立即批改評分。

學生收到提問後,於 **訊息串** 標籤該問題訊息的 **您的答案** 欄位中輸入答案後,先按 **提交** 鈕,出現確認提交答案提示後,再按一次 **提交** 鈕即完成回答。

學生接收作業批改結果與評分

當學生繳交作業後,老師就可以在課程畫面中得知繳交進度,並為已繳交作業的學生批改及打分數。

學生於 **訊息串** 標籤,作業公告訊息中看到 ⟳ 已發還,選按題目進入後即可在最上方看到此項作業的分數,開啟作業檔還可以查看老師批改的內容。

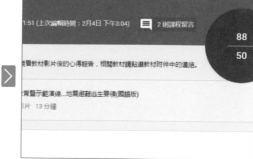

在多個課程之間切換

老師在教學時，會開的課程相信不只一個，如何在眾多的課程之間快速切換也是相當重要的。

切換課程有二種方式，一是於左上角按 ☰ \ **課程** 即可切換到選擇課程的主畫面；另一種較快速的方式，是在按 ☰ 圖示開啟左側選單後，直接於 **教授的課程** 中選按要切換的課程名稱即可。

查看、還原或刪除已封存的課程

要查看、還原或刪除封存的課程時，只要於左上角按 ☰ \ **封存的課程** 就可以看到已被封存的項目，選按 ⋮ 圖示再選擇想執行的動作即可。(學生與老師的操作方式一模一樣，只是學生只能查看自己繳交的作業內容，並無法對課程內容做任何編輯或還原、刪除。)

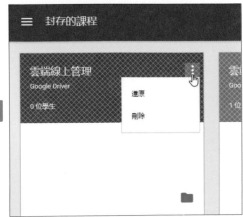

師生 TIPS 232 查看進行中或已完成的作業項目

在 Classroom 的功能中，**作業** 這個項目可以幫您管理有哪些作業正在進行中，有哪些作業已完成，讓您能更輕鬆掌握進度。

老師查詢待批閱或已批閱的作業項目

於左上角按 ☰ \ **作業** 開啟作業畫面，於 **待批閱** 標籤中老師可以看到目前尚需處理的作業有哪些，而完成的作業項目可按一下右側 ⋮ \ **標示為已批閱**，即可歸類移動至 **已批閱** 標籤中。(可選按 **所有課程** 清單鈕，檢查特定課程作業進度。)

學生查詢 "待完成" 或 "已完成" 的作業項目

於左上角按 ☰ \ **作業** 開啟作業畫面，於 **待完成** 標籤中學生可以看到目前尚未繳交的作業有哪些，待老師批改並評好分數後，作業就會自動歸類至 **已完成** 標籤中。(可選按 **所有課程** 清單鈕，檢查特定課程作業進度。)

查看課程作業、簡答問題的行事曆

不管是老師或是學生，事情一多時，難免都會忘記何時該收作業或是繳交作業，這時只要查看 Google Clasroom 的日曆即可馬上得知排程。

01 於 **關於** 標籤在課堂名稱與說明下方可看到二種日曆格式，當完成建立課程作業後，分別會在這二個日曆中建立行程，請選按 📅 **在 Classroom 中查看**。

02 於畫面左側按一下清單鈕選擇要查看的課程名稱，或是直接選擇 **所有課程**，就會在日曆上看到已建立的作業，選按要查看的作業名稱即會開啟 **學生的作業** 標籤。

03 另外也可以選按 📤 **在 Google 日曆中開啟** 用 **Google 日曆** 來查閱作業，接著再選按該連結即可。(學生與老師操作皆同)

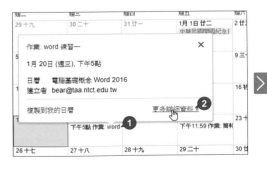

Google Classroom 在行動裝置上的應用

除了使用電腦來安排與管理 Classroom 之外，使用平板或是手機等行動裝置，連網後也可以使用 Classroom。

> 本 TIPS 是以 Android 系統示範，如果設備中已安裝 **Google Classroom** 應用程式，需檢查是否更新至最新版本，若無安裝請自行至 **Google Play** 商店中搜尋並安裝。

登入行動版 Google Classroom 應用程式

請先於行動裝置上選按 🖳 **Google Classroom** 圖示，開啟 **Google Classroom** 應用程式。(由於行動版 Google Classroom 的操作與電腦網頁版的方式大同小異，因此後續的操作僅就較常用的動作說明。)

01 第一次使用行動版 **Google Classroom** 時，在歡迎畫面按 **登入** 鈕，再輸入帳號、密碼完成登入。(如果登入後出現 **你的管理員尚未啟用 Classroom** 畫面時，請至 Google Play 商店搜尋 Google Apps Device Policy 並安裝，接著啟用執行，然後再次進入 Google Classroom。)

02 登入完成後會有歡迎畫面，往左滑動至最後一頁，按 **完成** 即會進入 **課程** 首頁。

建立新課程

於行動裝置建立課程是一件很輕鬆簡單的事,與網頁上使用的方式相似,於畫面右上角按一下 **+** 圖示 \ **建立課程**,接著輸入 **課程名稱** 及 **單元**,選按 **建立** 鈕,這樣就完成新課程建立。

建立作業

行動裝置上也可以快速的為學生出作業,簡單幾個步驟,花個幾分鐘就可以完成。

01 於 **訊息串** 畫面右下角按一下 ● 圖示,選按 ● **作業**,輸入標題與說明後,按一下 **期限** 可設定日期,按一下 **時間 (選項)** 可設定時間。

02 於畫面右上角選按 ⑤ 圖示，選擇要上傳的檔案方式 (本範例使用已上傳至 **雲端硬碟** 中的檔案)，最後按 ➤ 圖示即完成作業建立。

邀請學生加入課程

在行動裝置上由於無法使用邀請方式，所以必需透過 **報名代碼** 才能加入課程。老師於課程選按 **學生** 標籤即可看到 **報名代碼**，按一下 **報名代碼** 即可複製代碼，再將代碼告知學生們或以訊息傳送給學生；而學生於 **課程** 首頁右上角按一下 ➕ 圖示，輸入代碼後按 **加入**，即加入課程。

> **小提示** 邀請更多學生
>
> 由於行動裝置版本目前尚無法以電子郵件或通訊錄方式直接邀請學生，若要快速邀請更多學生，建議可參考 P.312 的方式，以電腦版操作邀請。

學生繳交作業

於 **訊息串** 標籤按一下作業通知，夾帶作業附件後，先按 **繳交** 鈕後，再按一次 **繳交** 完成繳交作業的動作。

為作業評分

老師在收到學生的作業後，於 **訊息串** 標籤按作業公告訊息，接著選按 **學生的作業** 標籤，再選按欲查閱的學生名稱，就可以在畫面中看到學生繳交的作業內容。

要評分時，按一下 **新增成績** 即可輸入分數，按畫面左上角 ✕ 回到 **學生的作業**；核選已評好分數的學生再按右上角 **發還**，確認沒問題後，再按 **發還** 即完成學生作業的評分。

翻倍效率工作術--不會就太可惜的 Google 超極限應用(第二版)

作　　　者：文淵閣工作室 編著 / 鄧文淵 總監製

企劃編輯：林慧玲

文字編輯：江雅鈴

設計裝幀：張寶莉

發 行 人：廖文良

發 行 所：碁峰資訊股份有限公司

地　　址：台北市南港區三重路 66 號 7 樓之 6

電　　話：(02)2788-2408

傳　　真：(02)8192-4433

網　　站：www.gotop.com.tw

書　　號：ACV036500

版　　次：2016 年 03 月二版

　　　　　2017 年 10 月二版六刷

建議售價：NT$360

國家圖書館出版品預行編目資料

翻倍效率工作術：不會就太可惜的 Google 超極限應用 / 文淵閣
　　工作室編著. -- 二版. -- 臺北市：碁峰資訊, 2016.03
　　　面；　公分
　　ISBN 978-986-347-979-6 (平裝)
　　1.網際網路　2.搜尋引擎
　　312.1653　　　　　　　　　　　　　　　　105004292

讀者服務

● 感謝您購買碁峰圖書，如果您對本書的內容或表達上有不清楚的地方或其他建議，請至碁峰網站：「聯絡我們」\「圖書問題」留下您所購買之書籍及問題。(請註明購買書籍之書號及書名，以及問題頁數，以便能儘快為您處理)
http://www.gotop.com.tw

● 售後服務僅限書籍本身內容，若是軟、硬體問題，請您直接與軟體廠商聯絡。

● 若於購買書籍後發現有破損、缺頁、裝訂錯誤之問題，請直接將書寄回更換，並註明您的姓名、連絡電話及地址，將有專人與您連絡補寄商品。

● 歡迎至碁峰購物網
http://shopping.gotop.com.tw
選購所需產品。